細胞工学 別冊

CELL TECHNOLOGY

ゼロからはじめる バイオ実験マスターコース 1

実験の基本と原理

西方敬人／川上純司／藤井敏司／長濱宏治●著

秀潤社

ゼロからはじめるバイオ実験マスターコースの構成

■各巻の内容

第1巻「実験の基本と原理」
　正確な実験操作を身につけ，原理を正しく理解するための基盤となる知識（基本技術，装置・器具の取り扱い，試薬のレシピ，実験の原理，用語解説など）

第2巻「遺伝子組換え基礎実習」
　バイオ研究に必須な基礎実験をマスターするための実習プログラム（溶液の希釈，大腸菌培養，形質転換，タンパク質の発現，タンパク質の精製，電気泳動，ウェスタンブロッティング，PCRなど）

第1巻	
第1部	実験室のイロハ
第2部	装置・器具の使い方
第3部	試薬などのレシピ
第4部	実験原理および用語解説
第5部	教材・実験例紹介
第6部	箴言集

基盤となる知識を身につけ，効率的な実習を実現！
わからない部分の確認や，さらに深い理解へ！

第2巻	
第1週	大腸菌の培養
第2週	アガロースゲル電気泳動と遺伝子組換え
第3週	大腸菌の形質転換とタンパク質の発現
第4週	タンパク質の分離
第5週	PCR

■第1巻 第4部の実験原理と第2巻の実習内容の関連例

第2巻の実習に含まれる実験操作については，第1巻 第4部でその原理や背景，関連する用語の意味が解説されているため，第1巻と第2巻を併用することで，基盤となる知識を確認しながら実習を進められる。

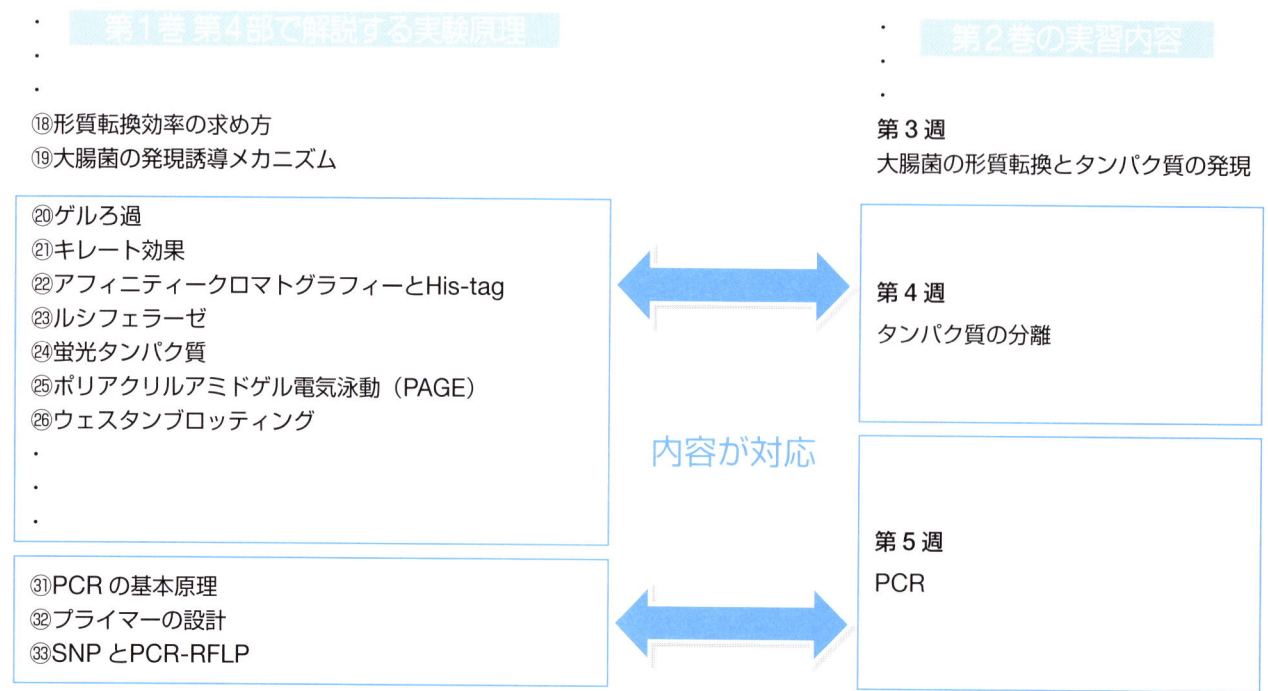

第1巻 第4部で解説する実験原理
・
・
・
⑱形質転換効率の求め方
⑲大腸菌の発現誘導メカニズム

⑳ゲルろ過
㉑キレート効果
㉒アフィニティークロマトグラフィーとHis-tag
㉓ルシフェラーゼ
㉔蛍光タンパク質
㉕ポリアクリルアミドゲル電気泳動（PAGE）
㉖ウェスタンブロッティング
・
・
・

㉛PCRの基本原理
㉜プライマーの設計
㉝SNPとPCR-RFLP

第2巻の実習内容
・
・
・
第3週
大腸菌の形質転換とタンパク質の発現

第4週
タンパク質の分離

第5週
PCR

内容が対応

序

　本シリーズは甲南大学FIRST（フロンティアサイエンス学部）の実習プログラムをテキスト化したものである。この第1巻『実験の基本と原理』は，分子生物学の実習を進めるうえで必要な原理や基礎知識をしっかりとまとめたものであるが，物理化学的観点も押さえた詳細かつ正確な内容は，実習や初学者といった枠にとらわれず，生物学に興味のある多くの読者が参考にしていただける内容になったと自負している。それができたのも，我々バイオグループ教員のバックグラウンドが，薬学（川上），生物無機化学（藤井），生体高分子化学（長濱），発生学（西方）と幅広い分野に及んでいたためである。このような分野横断的融合領域での研究・教育は，FIRSTの大きな特徴の1つであり，FIRSTバイオグループの強みを最大限に活かせたテキストとなった。

　甲南大学には，創立者の平生釟三郎が「個性を尊重して各人の天賦の特性を啓発する人物教育」を率先し「世界に通用する紳士・淑女たれ」と謳った開学の想いが，今も受け継がれている。その甲南大学が近年新設した学部の1つがFIRSTである。当学部では平生の建学精神に鑑み，研究能力と応用能力を養うことに主眼を置き，主体的な社会貢献ができ，国際的に活躍できる，専門性を持った人材の養成を目指している。その実践として実習では，意義を理解し，必要なことを調べ，実験計画を立てて準備し，実験を行い，片付け，結果を考察してまとめることまでのすべてを指示されることなく，自ら遂行できるようになることを目指している。そのために教員はグループを作り，グループ内で実習内容を吟味し，テキストをしっかりと準備し，学生の理解度・進捗状況に根気強く付き合うことで，膨大な時間と労力を費やしてきた。また，様々なブラッシュアップも続けてきた。自画自賛にはなるが，作り上げたプログラムは実験に必要な基本的手技や知識，そして考え方を修得させることができるものになったと考えており，履修を終えた学生達の様子を見るにつけ，教員全員がその成果を実感している。甲南大学の教育理念の一端が，バイオ研究に関わる多くの方々の一助となれば，筆者達にとって望外の喜びである。

　本シリーズの原点ともなった実習中のミスや勘違い，また本シリーズで利用させていただいた実験データやレポート例などを提供してくれた学生さん達に，心から感謝したい。また，バイオグループの教員諸氏が，講義や会議などで忙しい中，執筆に最大限の努力を惜しまなかったことに身内ながら改めて感謝したい。企画から足かけ4年，我々に辛抱強くお付き合いくださり，我々には思いつかないアイディアを出して下さった学研メディカル秀潤社編集部の前澤一樹氏，陰ながらサポートいただいた須摩春樹社長に感謝申し上げる。

2012年9月

西方敬人

CONTENTS [目次]

ゼロからはじめるバイオ実験マスターコースの構成 …… 2
序 …… 3

第1部　実験室のイロハ　8

1. 安全な実験のために …… 8
2. 手袋 …… 9
3. 試薬の計量 …… 10
4. 試薬の保存 …… 12
5. 試薬のラベリング …… 13
6. 器具の洗浄 …… 14
7. 滅菌 …… 18
8. ガスバーナーの使い方 …… 22
9. 簡易無菌操作 …… 23
10. ゴミの分別と処理 …… 27
11. 遺伝子組換え体の処理 …… 28

第2部　装置・器具の使い方　30

1. マイクロチューブ …… 30
2. キャップロック …… 31
3. コニカルチューブ（遠心チューブ） …… 31
4. パスツールピペット・駒込ピペット …… 32
5. メスピペット …… 34
6. マイクロピペッター …… 36
7. ローテーター（シェーカー，ロッカー，ロータリーシェーカー） …… 42
8. ソニケーター（超音波破砕装置） …… 42
9. マグネティックスターラー …… 43
10. pHメーター …… 44
11. 分光光度計・濁度計 …… 48
12. プレートリーダー …… 49
13. PCR装置（サーマルサイクラー） …… 50
14. インキュベーター（ヒートブロック・ウォーターバス） …… 51
15. 遠心機 …… 53

⑯ ボルテックスミキサー（チューブミキサー） ……………………… 56
⑰ エレクトロポレーション装置（電気穿孔装置） ……………………… 57
⑱ ゲル撮影装置 ……………………… 58
⑲ クリーンベンチ・安全キャビネット・ドラフトチャンバー ………… 59
⑳ 実験器具によく使用されるプラスチック ……………………… 62

第3部　試薬などのレシピ　66

① 水について ……………………… 66
② 基本となる試薬溶液 ……………………… 67
③ 緩衝溶液 ……………………… 72
④ 電気泳動用試薬 ……………………… 80
⑤ 遺伝子工学実験用試薬 ……………………… 92
⑥ 大腸菌実験用試薬 ……………………… 98

第4部　実験原理および用語解説　102

① 濃度の単位 ……………………… 102
② 緩衝作用 ……………………… 104
③ 寒剤 ……………………… 104
④ 吸光光度法 ……………………… 105
⑤ 検量線を用いた定量 ……………………… 106
⑥ 遠心による物質の分離および精製 ……………………… 107
⑦ 大腸菌とその増殖 ……………………… 109
⑧ 大腸菌の株と歴史 ……………………… 110
⑨ プラスミド ……………………… 112
⑩ プラスミドの歴史と利用される代表的遺伝子 ……………………… 114
⑪ 核酸のアルコール沈殿法 ……………………… 116
⑫ アルカリ溶解法 ……………………… 118
⑬ アガロースゲル電気泳動 ……………………… 119
⑭ プラスミドDNAの電気泳動パターン ……………………… 120
⑮ 各種DNA染色剤 ……………………… 121
⑯ 制限酵素 ……………………… 122

- ⑰ コンピテントセルを用いた大腸菌の形質転換 ……………… 125
- ⑱ 形質転換効率の求め方 ……………… 126
- ⑲ 大腸菌の発現誘導メカニズム ……………… 127
- ⑳ ゲルろ過 ……………… 129
- ㉑ キレート効果 ……………… 132
- ㉒ アフィニティークロマトグラフィーと His-tag ……………… 134
- ㉓ ルシフェラーゼ ……………… 135
- ㉔ 蛍光タンパク質 ……………… 136
- ㉕ ポリアクリルアミドゲル電気泳動（PAGE） ……………… 138
- ㉖ ウェスタンブロッティング ……………… 140
- ㉗ 抗体分子の構造 ……………… 142
- ㉘ 免疫染色 ……………… 145
- ㉙ アルカリフォスファターゼ活性の BCIP と NBT による検出 …… 146
- ㉚ ペルオキシダーゼ活性の DAB と H_2O_2 による検出 ……………… 146
- ㉛ PCR の基本原理 ……………… 147
- ㉜ プライマーの設計 ……………… 150
- ㉝ SNP と PCR-RFLP ……………… 153

第5部　教材・実験例紹介　154

- ① ニワトリレバーからの DNA 抽出とエタノール沈殿 ……………… 154
- ② 口腔粘膜細胞からの個人 DNA の抽出とエタノール沈殿 ……… 155
- ③ 個人のミトコンドリア DNA の解析 ……………… 157
- ④ 試験管内でのタンパク質合成 ……………… 160

第6部　箴言集　162

文献 ……………… 166
索引 ……………… 167
著者略歴 ……………… 171

第2巻「遺伝子組換え基礎実習」目次

第1週　大腸菌の培養
- 1日目「基本操作（希釈・吸光度測定）」
- 2日目「大腸菌の培養」
- 3日目「ミニプレップ」

第2週　アガロースゲル電気泳動と遺伝子組換え
- 1日目「アガロースゲル電気泳動」
- 2日目「制限酵素処理とアガロースゲル電気泳動」
- 3日目「遺伝子断片の精製とライゲーション」

第3週　大腸菌の形質転換とタンパク質の発現
- 1日目「コンピテントセルの作製」
- 2日目「大腸菌の形質転換」
- 3日目「タンパク質の発現誘導」

第4週　タンパク質の分離
- 1日目「発現タンパク質の精製」
- 2日目「SDS-PAGE」
- 3日目「ウェスタンブロッティング」

第5週　PCR
- 1日目「バイオインフォマティクスとPCRプライマーの設計」
- 2日目「遺伝子鑑定-Ⅰ：PCR条件設定」
- 3日目「遺伝子鑑定-Ⅱ」

実験の基本と原理

第1部 実験室のイロハ

第1部では，分子生物学実験の基本操作を解説する。慣れれば意識せずに行える初歩的なことだが，最初に正しい方法を身につけるか否かが，その後の実験手技の上達を左右する。基礎をマスターして確かな自信をつけよう。

❶ 安全な実験のために

　　実験では，試薬として毒物，劇物などを使用したり，火炎や高温の器具，鋭利な刃物を使用したりと，危険が伴う。実験中は集中し，注意を怠らず，自分で行う作業はもちろん，周囲で起こっていることにも注意を払う必要がある。事故が発生した際には即座に適切な処置を行い，担当教員に報告することが大事であるが，何よりも，事故を起こさない，事故を未然に防ぐ準備と注意が必要である。実験中の防護具として，白衣，保護メガネ，手袋の3点は重要である。

【白衣】
　　露出した皮膚や衣服に，飛散した試薬などが付着する事故を防ぐために一般的かつ効果の高いものである。バイオ実験で使用する試薬には，染色液など色の濃いものも多く，衣服を汚さないためにも白衣着用が推奨される。しかし，滅菌操作で袖をまくる必要がある，使用する試薬の危険度が比較的低いなどの理由から，場合によっては着用しない選択肢もある。白衣着用に関しては，安全に十分に配慮したうえで，自己責任で判断する。
　　ただし，白衣には試薬などの付着があるものと考え，実験室外では必ず脱ぐ。

【保護メガネ】
　　飛散した試薬などから眼を守るために重要である。ただ，バイオ実験では爆発などの危険性が考えられる局面は比較的少ない。紫外線照射時やガスバーナー使用時などに，その危険度を各自判断して着用する。

【手袋】
　　手袋は，後述のように実験者を保護する目的と，試料をヌクレアーゼなどから守る役割がある。作業内容などをよく理解して，適切に着用する。また，使用に不都合がない限り，再使用して節約に努める。

❷ 手袋

【使用上の注意】
　手袋には，薬品や洗剤から手を守ることと，手の汚れやヌクレアーゼなどで試料が汚染されるのを防ぐことの，2つの役割がある。手袋で触るものと素手で触るものとを明確に区別すること。ドアノブなどに手袋で触ると，手袋に付着している危険な薬品が同じドアノブを触った人の手に間接的に付着する恐れがある。逆に，人の手垢がついているドアノブから，ヌクレアーゼなどが手袋に付着し，試料が汚染される危険もある。

【特徴】
・素材：ポリエチレン，ポリ塩化ビニル，ラテックス，ニトリルゴムなど多種類。
・サイズ：通常XS，S，M，L，XLなどがある。
・その他：パウダー付き，パウダーフリー
装着しやすいように手袋の内側にタルカムパウダーなどを塗布しているものもあるが，手荒れの原因となることから，パウダーフリーのものが多い。

【使用法】
■ 装着方法
　外側に手垢が付かないように気をつけて着用する。

■ 脱ぎ方
　手首の部分を反対の手でつまみ，手袋が裏返るように脱ぐ。しばらく放置する場合は，裏返しのままの状態で，机の上などに置く（手袋の外側表面は中側に入っており，きれいなままで保たれ，内側部分は乾燥して再装着しやすくなる）。

■ 再装着する場合
　裏返しになっていた手袋をひっくり返し，その手首の部分を口に当て中に息を吹き込むことで，風船のように膨らませ，5本の指がすべて表になるようにする。その後，通常通りに着用する（手の汗などで手袋の内側がぬれていると，たいへん装着しづらい。手や手袋内部の水気はあらかじめ拭き取っておく）。

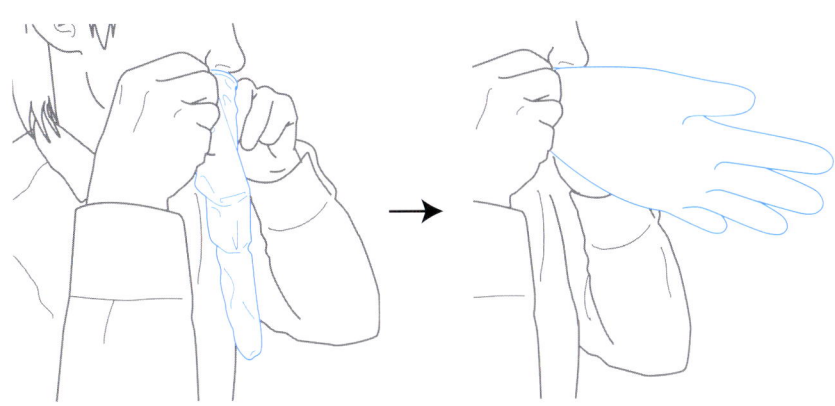

❸ 試薬の計量

【電子天秤使用上の注意】

■ 秤量範囲内でしか量れない
最大秤量を超える計量は複数回に分けて量る。
ビーカーなどの容器に量り入れて風袋引き（後述）を行っている場合には，表示量＋ビーカーの重さの合計が最大秤量を超えないように注意する。

■ 大きな衝撃を与えないように注意する
試薬の大きな塊を落としたり，量り終わった試薬を移動させるときなどの衝撃はできるだけ避ける。

■ 使用後は必ず掃除する
試薬のコンタミ（第1部-⑨参照）を起こさないためにも，また，試薬による腐食などを避けるためにも，掃除はこまめに行う。湿らせたキムワイプなどでこぼれた試薬を拭き取り，さらに乾いたキムワイプでカラ拭きしておく（刷毛などが置いてあることも多いが，刷毛が汚れているとかえって天秤を汚すことにもなるので，バイオ実験では使用しない）。

【試薬の量り方】

① 天秤についている水準器で，水平に設置されているか確認する（水平でない場合は，脚のネジで水平を合わせる）。

② 薬包紙をピンセットで取り出し，試薬を置く面を触らないようにして折り目をつけ，天秤に載せる。

③ 「TARE」ボタンなどを押してゼロ点補正を行う。
　＊この作業で薬包紙の重さを差し引いたことになる（風袋引き）。薬包紙を置く前にもゼロ点補正を行い，薬包紙の重さを明確にしておくことも重要。

④ 試薬ビンのフタを開ける。

⑤ 試薬ビンの中の様子を確認し，ビンを揺するなどしてビンの口付近まで試薬を移動させる。
　＊冷蔵の粉末試薬は，あらかじめ冷蔵庫から出し，室温に戻しておく。これは，フタを開けた際に外気がビン内に入り，そこで結露して試薬を傷めるのを最小限にするためである。

⑥ ビンを持ったほうの手首を叩く（下図左），あるいはビンを持たないほうの人差し指の付け根あたりにビンの口元を振って当てる（下図右）などして，試薬をビンから振り出す。
　＊薬さじなどをビンの中へ入れることは原則として禁止。

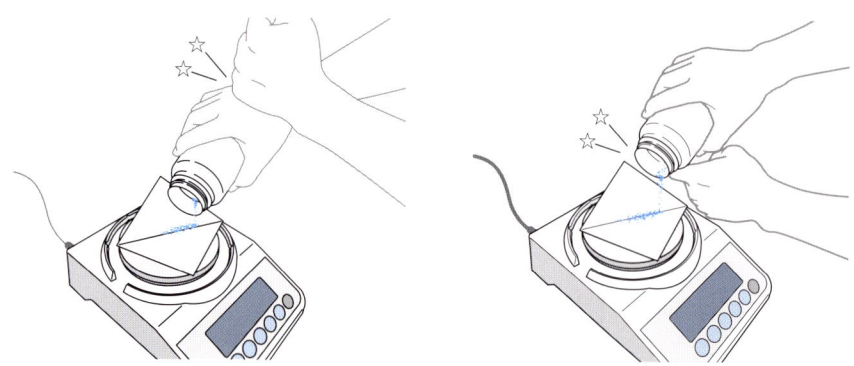

⑦ 試薬ビンのフタを閉める。
* 試薬ビンの口に多くの試薬が付着した場合には，それが試薬ビン内部に落ち込まないように注意しながら，乾いたキムワイプで拭き取っておく。

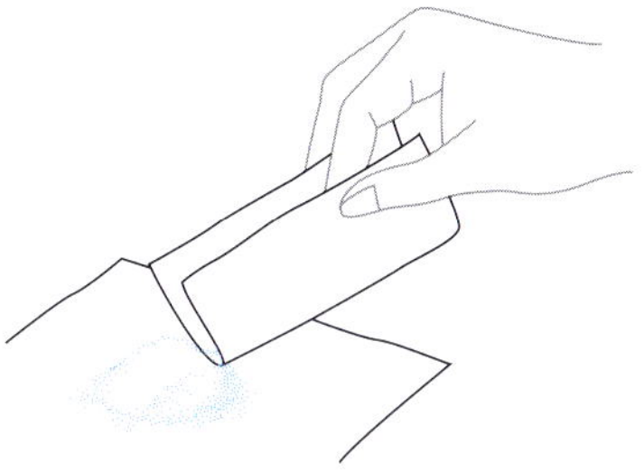

⑧ 試薬を出し過ぎた際には，もう一枚薬包紙を取り出して半分に折り，それを薬さじ代わりにして試薬量を微調整する。
* 薬包紙を折る際に，薬さじとして試薬に触れる部分を指で触らないように注意。また，捨てる試薬は，それぞれの試薬に適した方法で捨てる。決して試薬ビンに戻さない。

⑨ 薬包紙を両手で持ち，ビーカーやメディウムビンなどに試薬を入れる。
* こぼさないように。試薬が薬包紙に残ってしまう場合には，洗ビンなどで適切な溶媒を薬包紙にかけながら，すべてを容器に移す。

⑩ 後片付けをする。
* 天秤を拭き，机を拭く。薬包紙などを片付ける。

【薬包紙の使い方】
試薬の触れる面や辺は絶対に触らないように取り扱う。

■ 薬包紙の折り方
薬包紙に量り取った試薬を，すぐに容器に移さずに別の場所へ移動させたい場合などは，以下のように薬包紙を折れば，簡単な一時的な保存が可能である。

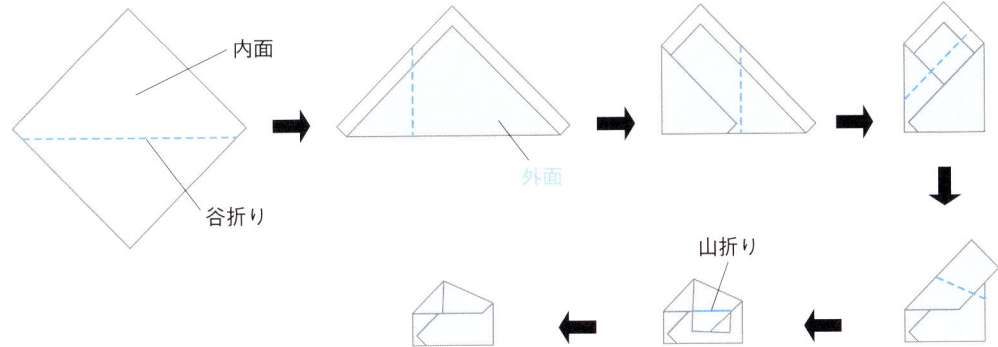

【計量皿の使い方】
基本的に薬包紙と同様に，試薬の触れるところを触らないようにする。 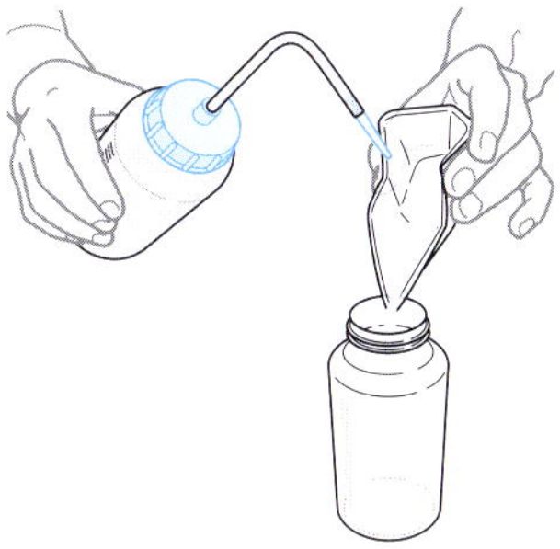
量りとった試薬をビーカーなどに移す際には，計量皿を対角線で折り曲げるようにすると入れやすい。

【薬さじについて】
分子生物学で利用する試薬は，RNase-free，DNase-freeであることが求められる場合が多い。それを担保するため，薬さじなどをビンの中へ入れることは禁止されているのが普通である。

・試薬が固まってしまっている場合：ビンを割れない程度に振ったり叩いたりしてビンの内部で砕く。
・どうしても薬さじが必要な場合：乾熱滅菌済みのステンレス薬さじを注意深く用いる。あるいは試薬ビンに"薬さじ使用済み"と表示して，すでにRNase-free，DNase-freeでない可能性があることを明示する。

❹ 試薬の保存

【購入時の注意】
試薬を購入した際には，その保存方法を確認し，適切に保存する。また，使用期限を確認して期限内に使用するようにする。ビンのラベルの片隅に購入年月日を記入しておくと，使用の際の目安になり便利である。

【開封時の注意】
試薬を開封した際には，ビンのラベルの片隅に開封した年月日を記入しておく。未開封のストックがそのほかにもあるかどうかを確認後，その試薬を新しく購入する必要があるかを教員に確認し，必要な場合は必ず補充しておく。

【酵素類】
−20℃で保存する。購入時はグリセロールが入っており，−20℃でも凍らない。誤って−70℃に保存すると凍ってしまい，タンパク質が変性して失活する恐れがある。

【一般試薬】
室温で保存。通常，室温は20℃を指す。30℃を超えるような場合には，クーラーなどで室温を下げるほうが好ましい。

【遮光保存試薬】
購入時は，茶色の試薬ビンに入っており，そのまま暗所あるいは冷蔵庫などで保存する。必要な場合は，さらにアルミ箔で覆うとよい。分注は，遮光できるチューブに行うか，分注後アルミ箔で遮光する。

【吸湿性，潮解性の試薬】
デシケーターで保存する。開封後はパラフィルムでキャップの周りをしっかり巻いておく。試薬の購入は必要最小限にとどめ，最小単位で購入するよう努める。

【冷蔵保存の試薬】
4℃で保存する。家庭用の冷蔵庫を実験室で使用している場合には，霜取りの際に庫内の温度が上がっていること，ドアポケットでは10℃程度までしか下がらないことなどをよく承知したうえで保存する。不安定な試薬や貴重な試薬は，実験用の冷蔵庫に保存する。

【冷凍保存の試薬】
−20℃で保存する。家庭用冷蔵庫の冷凍庫は−10℃程度にしか下がらないことが多い。霜取りの際に庫内の温度が上がっていること，ドアポケットでは−10℃程度までしか下がらないことなどをよく承知したうえで保存する。不安定な試薬や貴重な試薬は，実験用の冷凍庫に保存する。

【RNA用試薬の保存】
RNA抽出などに使用する試薬は，すべてRNA専用のビンを用意し，RNA試薬専用の扉付きキャビネットに保存する。試薬ビンに触れる際も必ず手袋をはめた手で扱い，RNAを扱う者だけが触れることができるようにする。これらは，試薬ビンの外側にもできるだけRNaseを付着させない配慮である。

❺ 試薬のラベリング

　試薬管理システムなどで試薬を管理している場合，購入した試薬は登録を行い，付与されるバーコードなどを貼り付けておく。

　試薬のストックソリューション（保存用の濃度の高い溶液）を作製したり，購入した試薬を分注したりした際には，そのチューブやビンに適切なラベルを貼り，誰が見てもどのような試薬であるかわかるようにしておく。

【記載すべき事項】
　試薬名，濃度，必要な場合はその溶媒，作製あるいは分注した年月日，作製者名を記載する。

【どこに記載するか】
・50mLチューブなど，フタが分離してしまう容器では，フタとチューブ本体の両方に必要事項を記載する。
・フタが分離しないマイクロチューブ（第2部-①参照）では，フタかチューブの横のどちらかに記載すればよいが，チューブ横に詳細を，フタには略号などを記載しておけば，チューブラックなどに置いた際の視認性が高まる。
・チューブに記載スペースがあれば，そこに記載する。ない場合は，メンディングテープかビニールテープに記入して貼り付ける。
・培養用のメディウムビンなど，基本的にフタを開けておく期間がほとんどないものでは，フタを覆うアルミ箔（第1部-⑦参照）の上に貼り付けるオートクレーブテープに記入する。ビンには特に記載しなくてもよい。

❻ 器具の洗浄

　器具の種類と用途，さらにその器具の部位（例えばビンの中と外）により洗い方は異なってくる。何を洗い流す必要があるか，また，ブラシで器具を傷める可能性など，その作業でどのようなデメリットがあるかを考えて作業する。見た目がきれいでも実験に必要な清浄度に達していないこともあり，必要な作業を手早く確実に行うことが重要である。

【一般的な注意事項】
- 器具に付着した試料などに加え，洗剤，水道水中の不純物も残さないようにする。
- 丁寧に作業し，ガラス器具や脆弱な器具を破損しないように注意する。
- 手の汚れが付着しないように，また手肌の保護のためにも手袋を着用して作業する。

【洗剤について】
　器具洗浄用の洗剤には，中性，アルカリ性，無リン，超音波洗浄機用など多くの種類がある。無リンは環境への配慮。超音波洗浄機用は発泡性を抑えた洗剤である。多くの洗剤が，使用時の濃度を調節することでいろいろな用途に使用できる。ただし，以下の長所・短所は理解しておく必要がある。
- 中性洗剤の長所：ガラス器具などへの悪影響が少なく，手肌にも優しい。
- 中性洗剤の短所：洗浄力はアルカリ性洗剤に比べ一般的に弱い。浸漬（液体の中に浸けておくこと）に向いている。
- アルカリ性洗剤の長所：タンパク質などの生体分子の分解能力が高い。
- アルカリ性洗剤の短所：ガラスやアルミニウムなどを長時間浸漬すると，器具を傷める。特にメスピペットや石英セルなどの精密器具には，容量が変化するなどの悪影響を及ぼす可能性があるので使用しない。

【ガラス器具などの一般的な洗浄方法】
① 水道水を溜めたバケツなどを実験台のそばに用意し，使用後の器具は即座に水に浸けて乾燥しないようにする。
　＊器具表面に付着したタンパク質成分や塩類が乾燥してしまうと，非常に取れにくい。

② 実験終了後，流水で器具内に残った試料などを洗い流す。

③ 適切な濃度に薄めた中性洗剤液の中に浸ける。
　＊汚れのひどい場合は一晩浸漬しておく。ビンの中などに空気が溜まると，洗剤液が作用しない。必要な場所に洗剤液が接触していることを確認すること。

④ 洗剤ブラッシング×3回：
洗剤液をつけたブラシやスポンジでこすり，全体を洗う。この作業を3回繰り返し，流水のバットへ浸ける。
　＊プラスチック器具などを硬いスポンジでこすって傷をつけてしまわないように注意。

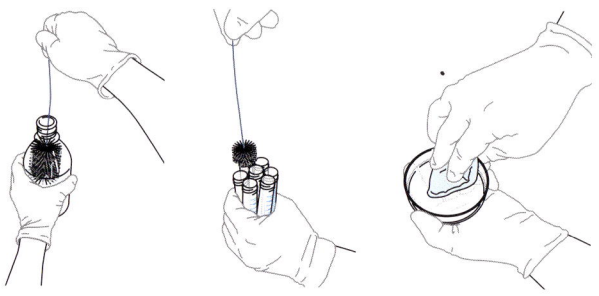

⑤ 水ブラッシング×3回：
　④で使ったブラシなどの洗剤を流水で落とし，そのブラシなどを用いて流水をかけながら3回以上器具をこすり，洗剤を落とす。この作業を3回繰り返し，別の流水バットへ浸ける。
　＊ビン内などに残った洗剤の泡をあらかじめ流水で流してから3回水ブラシを行う。最初の水ブラシはブラシに洗剤が残っているので，水ブラシを行いながら，泡が目立たなくなってから3回を数える。

⑥ 水道水洗浄×3回：
　水道水を流しながら，流水とともにビンを振るなどして，洗剤成分を完全に流す。この作業を3回繰り返す。

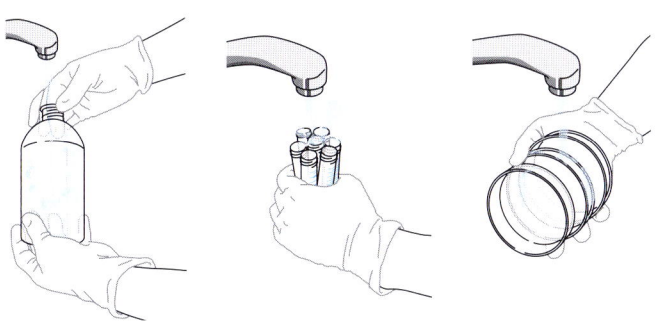

　＊ビンはそのままでも水が溜まってシェイクしやすい。試験管などは振る角度をうまく加減すると4～5回振ってもこぼれて水がなくならない。シャーレなどは，数枚をずらして重ねることで，シャーレとシャーレの間に水が溜まってうまくシェイクできる。溜まった水でシェイクするのも効果的だが，同時に常に新しい水をかけ流し，洗剤成分を効率よく洗い流す。

⑦ 純水リンス×3回：
　水道水洗浄×3回が終わったものに，そのまま続けて作業する。純水（第3部-①参照）の入った洗ビンから器具に純水をまんべんなくかけ流す作業を3回行い，乾燥カゴに水が切れるように逆さまにして並べる。
　＊器具などを何本かまとめて持っていることも多いので，この作業は⑥からそのまま続けて行ったほうが効率的。場合によっては，⑥の作業の後に，純水を溜めたバットに移してもよい。水道水を完全に洗い流すことが目的なので，洗ビンでの水のかけ方なども考えながら行うこと。

⑧ 適切な温度の乾燥機，あるいは乾燥棚で乾燥させる。
　＊乾燥機は40～65℃程度。乾熱滅菌器と共用している場合など，設定温度を必ず確認する。乾熱滅菌の温度では，プラスチックは融け，紙などが入っていると火災の危険性もある。節電のため，自然乾燥も推奨される。乾燥中にホコリなどがつかないよう工夫する。

【ピペットの洗浄方法】
① 水道水を溜めたバケツなどを実験台のそばに用意し，使用後は即座に先端側を水に浸けて乾燥しないようにする。
　＊ピペットは内部をブラシなどでこすることができないので，絶対に内部で試料などを乾燥させてこびりつかせてはいけない。

② 実験終了後，流水でピペット内部に残った試料などを洗い流す。
　＊ピペット内部は液の交換が起こりにくいので，きれいな洗剤液を内部に行き渡らせるために必ずこの作業を行う。

③ ピペットを，適当な濃度に薄めた中性洗剤液の入った洗浄筒内の洗浄カゴに，先端を上にして入れる。
　＊洗浄液に浸ける際，ピペット先端に残った水が飛び出すことがあるため，洗浄筒のフタでカバーしながら浸ける。先端を上に向けるのは，先端が破損する可能性を減らすためである。

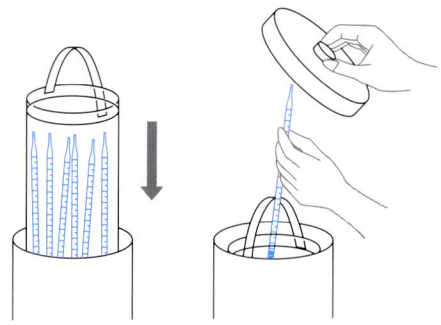

④ 一晩以上浸漬したピペットを洗浄カゴごと取り出し，ピペットウオッシャー（ピペット洗浄機）に入れる。
　＊洗剤液が垂れてくるので，洗浄筒のフタで受けながら移動させる。

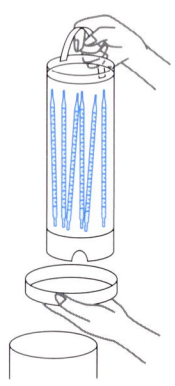

⑤ 水道水の勢いを調節し，サイフォンがうまく働くようにし，3時間以上水洗を行う。
　＊サイフォンがうまく働かなかった場合などは，適宜時間を延長する。ピペット先端が下に向いていると，この水洗時の水の入れ替わる効率が悪くなる。

⑥ 水洗終了後，洗浄カゴから手袋をつけた手でピペットを取り出し，プラスチック製メスシリンダーかバットに取り出す。
　＊純水でリンスを行うので，ピペットが収まり，比較的少量の純水でピペットが浸かるような容器を用意する。

⑦ ピペット全体が浸かるように純水を入れて，流す。この作業を3回繰り返す。
　＊ピペット内部をリンスすることが重要なので，ピペットの内部全体まで純水が行き渡っていることを確認しながら行う。

⑧ ピペットを乾燥カゴに取り出し，先端を上にして乾燥させる。
　＊乾燥中に先端を破損しないように注意する。ピペット内の水はなかなか乾かないので，後端をペーパータオルに当てて内部の水を出すなどの工夫をする。

【器具洗浄方法のバリエーション】

・何もしない

　透析液の交換など，液交換は必要だが問題となる不純物がごく微量であると判断できるときは，古い液を捨てて，新しい液を入れるだけでよい。

・とも洗い

　上記の透析液の交換の場合でも，1回目の交換で，不純物が相当量混ざっていると考えられるときは，古い液を捨てた後，少量の新しい液を入れて器具内面全体を洗い流して捨てる。その後，新しい液を入れる。液を移すパスツールピペットなども，とも洗いで先端や内面をすすいで利用することがある。

・水洗および純水リンス

　器具に残った成分が，タンパク質成分などを含まない単純塩類溶液であり，まだ乾いていない状態であれば，簡単な水道水でのリンスで，ほとんどを落とすことができる。前述の一般的洗浄方法のステップ⑥以降を行うだけで，洗剤成分が残る心配もなく，ブラシなどで器具を傷める危険性も減る。もちろん時間も節約できる。塩類溶液の試薬ビンやチューブ類はこの方法でよい。電気泳動の泳動槽などは，白金電極が露出しているため，ブラシなどを使うと電極を破損することがあることからバッファーのグリシンなどが析出しないように水道水でしっかり流し，純水をかけるだけで十分である。

・とも洗い＋水洗

　電気泳動のゲル板は，終了直後はSDSが大量に含まれた電気泳動バッファーに浸かっている。SDSは洗剤なので，そのままスポンジなどでゲルのカスなどをこすり落とすとともに，タンパク質をきれいに洗う。その後，水道水で水洗，純水リンスを行えばよい。多少SDSやTrisが残っていても，ゲルに含まれるものであり，問題は少ない。

7 滅菌

【乾熱滅菌】

乾熱滅菌器は200℃以上に加熱できるオーブンである。乾熱滅菌は、加熱することで細菌やカビを焼き殺すとともに、DNaseやRNaseなどの酵素や有機物を変性させることを目的に行う。

乾熱滅菌できる器具は、200℃程度の高温に耐えられる材質だけからできているものに限られる。ガラス器具、ガラスピペット、アルミキャップをつけた試験管、金属製の器具、陶器・磁器（乳鉢など）、テフロン製のもの（スターラーバーなど）を滅菌する際に用いる。

【乾熱滅菌の方法】

① 洗って乾燥の済んだ器具にアルミ箔でフタをするか、全体をアルミ箔で包む。ピペットはその容量、種類ごとに整理して滅菌缶に入れる。細かな器具類も使いやすいように分類して缶に入れてまとめる。

* 遠心管やビーカーにかぶせたアルミ箔のフタは、実験中にもフタとして利用することがあるので2枚重ねにしておく。
* 遠心管などガラスの擦り合わせを持つ器具は、熱したときに膨張により割れたり外れなくなったりするのを避けるため、別々に包んで滅菌する。

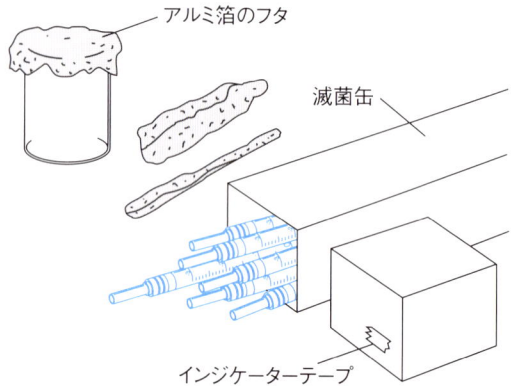

② 滅菌缶などに乾熱滅菌用のインジケーターテープを貼っておく。

* インジケーターテープは、一度高温になると色が変わったり模様が出てきたりするため、器具に貼っておくと乾熱滅菌済みかどうかがわかる。高価なので、色が変わるインクの部分が少しでも入っていれば、ごく小さな断片でよい。

③ 乾熱滅菌器に入れて180℃で2時間滅菌する。

* 時間の設定は、庫内が指定の温度に達してからの時間である。
* 上記の温度と時間は一般的な滅菌の目安である。実験の種類に応じて適切な温度や時間に変更する（下表参照）。
* 乾熱滅菌器に紙などの可燃物を入れてはいけない。火災の原因となる。

一般的な滅菌	RNase freeにするための滅菌
160〜180℃で2〜4時間	180℃で8時間以上
または	または
180〜200℃で30分〜2時間	250℃で30分

ただし、遠心管など機械的強度を必要とするもの、ホールピペットなど容量の正確性が重要とされるものは200℃以上に熱してはいけない。

④ 乾熱滅菌器の電源を切り、自然に冷めるのを待つ。

* 急ぎの滅菌であっても、ある程度まで冷めるのを待つ。高温の間はまだ滅菌中だと考える。
* とにかく火傷に注意。

【加圧高温滅菌：オートクレーブ】

オートクレーブとは，高温高圧にすることによって，比較的低い温度で乾熱滅菌より高い滅菌効果を持つ滅菌法である。液体の滅菌も可能だが，反面，器具を滅菌した場合には蒸気による結露があり，再度乾燥が必要になるなどの欠点もある。ポリプロピレン製のチップやチューブ類，シリコン栓をつけた試験管，シリコンパッキングのメディウムビンなどを滅菌できる。また，バッファーや培地などもメディウムビンやフラスコに入れて滅菌できる。

【オートクレーブの準備】

① それぞれの器具に応じた容器などに入れる。
  - マイクロピペッターのチップ：ボックスに立て，フタをオートクレーブテープで留めておく。
  - 大きめのチューブ：フタを軽く閉め，オートクレーブ滅菌用バッグに入れて封をする。
  - 試験管：口の部分をアルミ箔で覆い，試験管立てに立てる。
  - メディウムビン：アルミ箔を2枚重ねにして，フタから肩のあたりまでを覆う。

【メディウムビンなどへのアルミ箔のかぶせ方】

培養用のメディウムビンは，フタの開閉の際にフタの下側の縁がビンの口部分に触れてコンタミ（第1部-⑨参照）を起こしてしまわないように，アルミ箔でフタ全体を覆っておく。これを"アルミ箔のスカート"と呼ぶこともある。

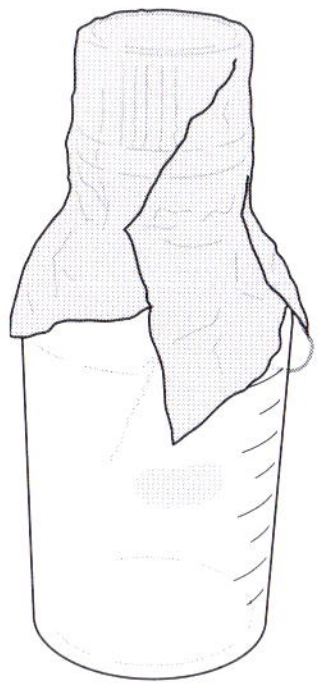

① アルミ箔を適当な大きさに切る。適当な大きさとは，2枚重ねでフタ全体を覆って，メディウムビンの肩あたりまでアルミ箔の裾が広がる程度。
  ＊アルミ箔を無駄にしないように，アルミ箔のロールの幅の1/3あるいは1/2の幅で，2つ折りにしてほぼ正方形になるようにする。

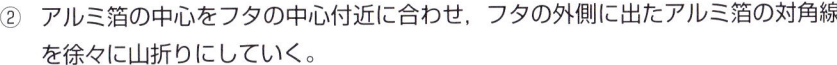

② アルミ箔の中心をフタの中心付近に合わせ，フタの外側に出たアルミ箔の対角線を徐々に山折りにしていく。
  ＊アルミ箔が長方形になっているときは，対角線ではなく，折り目が直交するように配置する。

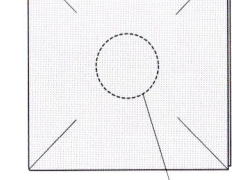

フタの位置

③ 折り目と折り目の間のアルミ箔をフタに沿わせて，4枚の羽根が均等に四方に広がるように，アルミ箔を合わせる。
  ＊アルミ箔の羽根の付け根部分が，垂直な線でフタにきっちり沿っているときれいになる。

インジケーターテープ

④ アルミ箔の羽根を同じ方向に折り，フタに沿わせて巻きつける。
  ＊スカートの裾部分は，メディウムビンの表面に沿わせる。

⑤ フタの上部分に，オートクレーブ用のインジケーターテープ（オートクレーブテープ）を貼り，必要事項（試薬名，滅菌日，滅菌者の名前）を記載しておく。
  ＊オートクレーブテープは，オートクレーブ後に色の変わるインクの部分が少しでも入っていれば，小さな断片でよい。

【オートクレーブの方法】

① オートクレーブ装置に水道水を基準レベルまで入れておく。
   * 純水を入れる必要はない。もしきれいに洗浄されたオートクレーブ装置なら純水を入れると電気伝導度が低いため，空だき防止のセンサーが働いてしまって運転できなくなる。

② 滅菌するものをカゴに入れる。
   * メディウムビンなどのフタは少し緩めておく。そうしないと圧力の影響でフタが開かなくなったり，ビンが割れたりすることがある。
   * オートクレーブ装置内の水に器具が直接触れないようにする。アルミ箔の隙間からしみ込み，器具が汚染される可能性がある。また，さほど重要なことではないが，ガラスの表面が汚れやすい。

③ オートクレーブ装置のフタを閉め，121℃，20分間にセットし，オートクレーブをスタートする。
   * 温度，時間は目的に応じて変更可能であるが，ほとんどの場合，この設定で行えばよい。
   * パッキングを痛めるので，フタを強く締めすぎないこと。

④ オートクレーブ終了後は，そのまま自然に室温近くまで冷めるのを待つ。
   * 121℃，20分が終了しても決してオートクレーブ装置のフタを開けてはいけない。このとき，オートクレーブ装置内は120℃前後，1.2気圧前後と高温高圧である。無理にフタを開けるとフタの隙間から高温の蒸気が吹き出し火傷をするので要注意。
   * もし液体が入っていなければ，「EXAUST」を開けて排気することで早く冷ますことができる。
   * 多くの機種では，気圧が1気圧になり，温度が80℃程度になった時点でプログラム終了のブザーが鳴る。液体の場合には，この時点でオートクレーブ装置のフタを開けて，火傷をしないように気をつけて取り出せば，比較的早く冷ますことができる。ただし，このときビンの中の液体はまだ100℃以上である可能性もあり，動かすと突沸する恐れがある。突沸が起こると，緩めておいたフタの隙間から高温の溶液が吹きだし火傷をする恐れがある。

⑤ 冷めたら取り出して器具類は乾燥機へ入れ，溶液類は試薬棚などに適宜片付ける。

【突沸について】

突沸とは，液体を加熱した際，沸点を超えた後も沸騰せず，その後急激に沸騰することである。オートクレーブ終了後の液体では，徐々に冷まされ減圧されていくことから，100℃以上でありながら沸騰していない状態にあることがある。このような液体は振動を与えるだけで沸騰し始める。

【オートクレーブ中の沸騰】

液体を滅菌する際，オートクレーブ装置内の温度が下がらないうちに急激な減圧があったときには，100℃以上の高温の液体が急に沸騰して，ビンから吹きこぼれることがある。この場合，溶液の濃度などが変化してしまった可能性があり，厳密な試薬の場合は作り直すことになる。また，オートクレーブ装置内を掃除する必要もある。ビンにめいっぱい溶液を入れて滅菌したときにも，吹きこぼれて同様の事態に陥るので注意する。

【オートクレーブ装置内の掃除】

オートクレーブ装置内に試薬がこぼれたとき，培地などの臭いが強いとき，感染性のゴミなどを処理したときなどは，オートクレーブ装置内を掃除する必要がある。

① オートクレーブ装置の底にあるドレンバルブのところにバットを用意するか，ドレンバルブにつないだホースを床排水口へ入れる。

＊オートクレーブ終了直後に行う際には，水温が高いので，火傷に注意する。

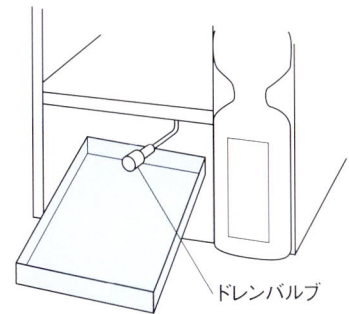
ドレンバルブ

② オートクレーブ装置内の中敷きなどを外し，上から水を入れながら，ブラシなどでこすれる所はこすって汚れを落としておく。
　＊オートクレーブ装置内には色々なセンサーが出ているので傷めないように気をつける。
　＊洗い流した水をバットで受けておくこと。

③ 洗い終わったらドレンバルブを閉め，外した中敷きなどを元に戻して新しい水道水を入れておく。

【ろ過滅菌】
　ろ過滅菌は，高温で変性・分解・失活するなど，オートクレーブ滅菌することができない化合物を含む溶液を滅菌する目的で行う。市販の個包装された滅菌用フィルターにシリンジを装着し，クリーンベンチ内でろ液を滅菌済みの容器へとる。

【滅菌用フィルター】
　材質やサイズ，孔径は様々な種類が市販されている。水溶液のろ過滅菌には，孔径0.2μmのニトロセルロースフィルターやナイロンフィルターが汎用される。これらはタンパク質をよく吸着するため，多くの水溶液の処理に適しているが，培地など成分にタンパク質を含む水溶液のろ過滅菌には不適である。酸や塩基，アルコール等を含む溶液に適用可能であるか否かの情報はメーカーが提供しているので，ろ過する溶液に応じて最適なフィルターを選択することが重要である。

8 ガスバーナーの使い方

① ガス調節ネジ，空気調節ネジがどちらも軽く動くことを確認してから，軽く締めておく。
　＊まず，ガス調節ネジを回す。すると，すぐ上にある空気調節ネジも一緒に回る。次に，ガス調節ネジを押さえた状態で空気調節ネジのみを回す。両方ともスムーズに動くことが確認できたら，ガス調節ネジを押さえた状態で空気調節ネジを軽く締め，最後にガス調節ネジを軽く締める。

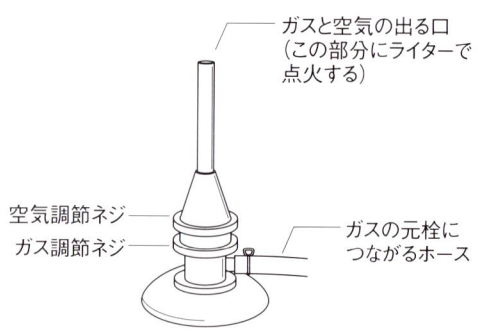

② ガスの元栓を開ける。

③ ライターの火をガスバーナーの口に近づけた状態でガス調節ネジを緩め，ガスバーナーに点火する。
　＊ガスを出してからライターの火を近づけると，急に大きな炎になる可能性があり危険。
　＊炎の色は黄色～赤。

④ ガス調節ネジおよび空気調節ネジを調節し，適切な火力の炎を作る。
　＊ガス調節ネジを押さえた状態で空気調節ネジを緩め，炎の色が青くなるように空気の量を調節する（ただし次項で解説する簡易無菌操作に用いる場合は赤い炎にしておく）。

⑤ 使用後，ガス調節ネジおよび空気調節ネジを閉め，炎を消す。
　＊まずガス調節ネジを押さえた状態で空気調節ネジを締め，最後にガス調節ネジを締める。

⑥ ガスの元栓を閉める。

⑨ 簡易無菌操作

　分子生物学実験を成功させるためには，目的外の細菌，カビ，酵母などの混入（コンタミネーション；contamination，略称：コンタミ）を避ける必要がある。そのために必要な操作が無菌操作である。無菌操作にはその厳密さに応じて，1) 実験台上で火炎を利用して行うもの（簡易無菌操作），2) 無菌箱で行うもの，3) クリーンベンチで行うもの，に大別できる。例えば大腸菌の培養であれば，1) の簡易無菌操作で十分である。以下にその基本を記す。

【準備】

- 実験台上は整理整頓し，70％エタノールで拭いておく。
- 実験台に必要な器具，培地などを適切に配置する。
  - ＊器具などを持たずにその作業の手ぶりを一通り行ってみて，手が交錯したり，フタを開けた培地などの上を手が通ったりすることのないように配置する。
- 長袖の場合は腕まくりをしておく。
- 手を洗い，70％エタノールを吹きつけて乾燥させておく。
  - ＊アルコールに弱い人はゴム手袋をして行ってもよい。
- 使用するガラス器具やプラスチック製品は滅菌済みのものを用いる。
- ガスバーナーを用いて大きめの炎をつくる。
  - ＊空気を少なめにして，赤い炎にする。青い炎では，ガスバーナーに点火していることが確認しにくく，火傷や火災の原因になりやすい。

【無菌状態の維持】

- 試薬ビンのフタを開ける際は，炎であぶってホコリを吹き飛ばしておく。
  - ＊炎の役割は菌を焼き殺すことではない。熱しすぎないように注意。
  - ＊ビンを激しく動かすとフタや口の部分がぬれ，フタを開けた際に液だれを起こし，コンタミの原因になりやすい。ビンは右図のように，全体をそっと回しながらあぶる。
- 試薬や培養液の入ったビンのフタを開けておく時間は最小限にする。

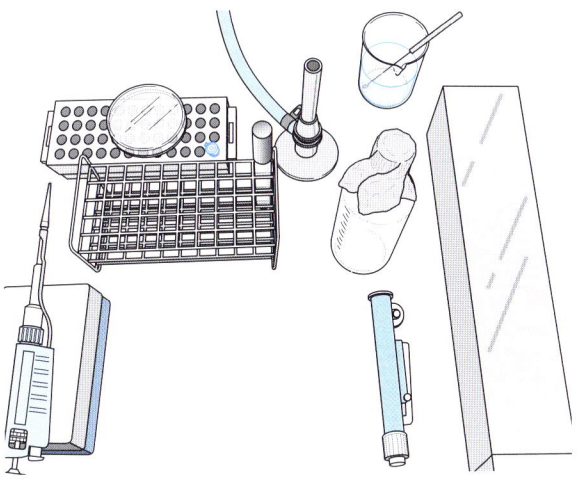

【作業時の注意】

- 作業は上昇気流のある炎の近くで行う。
- フタの開いた容器の上で作業したり，手を通過させたりしない。
- 滅菌状態の部位が外部に開放されている場合，むやみにしゃべらない。
- ピペット，ビンやチューブの口まわり，フタなど，試薬に触れる部分や触れる可能性のある部分には，絶対に手を触れないようにする。
- ピペットの先などが操作中，衣服，実験台などに接触しないよう注意を払う。
- コンタミしてはいけないものの優先順位をつけ，優先順位の高いものからフタを閉めるようにする。繰り返し使う培地の入ったメディウムビンや各種ストック溶液などは優先順位が高い。

【簡易無菌操作の手順】

LB培地に抗生物質を入れ，プレートのシングルコロニーを白金耳で試験管の液体培地に植菌する操作を例に説明する。

① LB培地のビンを取り，フタの部分全体をさっと炎であぶり，フタを緩めておく。

② ピペットを滅菌缶より取り出し，ピペットの後端および安全ピペッター（第2部-⑤参照）の先端を炎であぶり，安全ピペッターを装着する。

③ LB培地のフタの部分全体を再度さっと炎であぶり，ビンを炎の近くに置いてフタを取る。
　＊事前にフタを緩めているので，ピペットを片手で持ったまま，この作業をもう一方の手で行うことができる。フタは，実験台のきれいなところに下向きに置いておく。

④ ピペットをビンに入れ，LB培地を必要量吸い取る。

⑤ LB培地のビンの口を軽く炎であぶり，次いでフタもあぶり，フタを閉める。

⑥ 試験管を取り，キャップの部分を炎であぶり，ピペットを持った手の小指の付け根でキャップを開ける。
　＊試験管を下に抜き取る感じ。キャップはそのまま保持しておく。

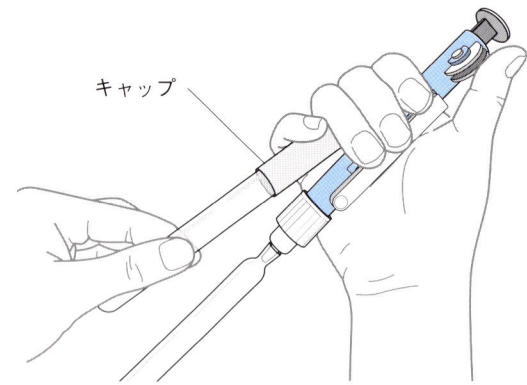

⑦ ピペットを試験管に入れ，LB培地を必要量入れる。
　＊試験管の壁面にピペットの先端をつけ，試験管の壁に沿わせて入れる。試験管内の滅菌状態を維持する必要があるので，試験管の開放部はバーナーの炎に近い位置で，上昇気流の中に置く。

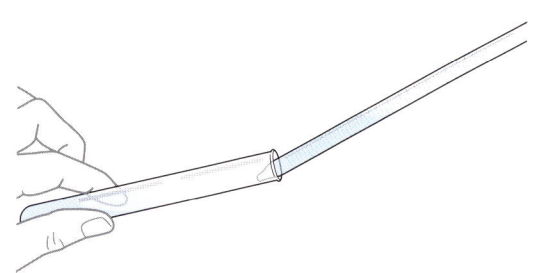

⑧ 試験管の口の部分とキャップ（特に，縁と内側）をさっと炎であぶり，試験管の口にキャップを戻す。
　＊試験管を斜めに保ったまま，キャップをかぶせ，半分ほどキャップがかぶった状態にする。

⑨ 試験管のキャップの部分をもう一度炎であぶり，きっちりキャップをする。
　＊炎であぶった後，試験管を立てるとキャップが自重で下がってくる。

⑩ ピペットを置き，LB培地のビンのフタをしっかり閉める。
　＊滅菌されたもののフタが閉まっていれば，落ち着いてやり残した作業を片付けられる。次の作業で必要なものを適宜配置する。

⑪ マイクロピペッター（第2部-⑥参照）と抗生物質の入ったマイクロチューブ（第2部-①参照）を持つ。

⑫ マイクロチューブの口の部分をあぶり，フタを開け，マイクロピペッターで必要量の抗生物質を取る。
　＊マイクロチューブはプラスチック製であるため，長時間炎であぶると融ける，もしくは変形し，フタが閉まらなくなる。熱しすぎに注意。

⑬ マイクロチューブの口の部分をあぶり，フタを閉める。

⑭ ⑥と同じように試験管のキャップを取る。

⑮ ⑦と同じように抗生物質を試験管壁につける。
　＊抗生物質などの少量の液は，試験管の壁面にピペットの先端を付け，試験管の壁に液滴を作るように入れる。このとき，マイクロピペッターの先は，チップ部分より深く試験管内に入れてはいけない。

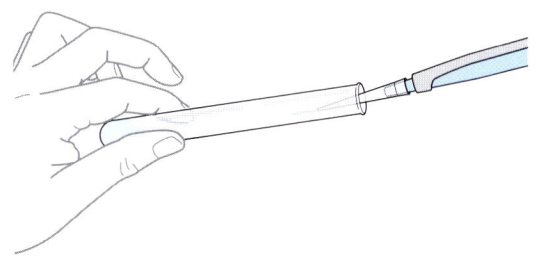

⑯ ⑧，⑨と同じように試験管にキャップをする。

⑰ 壁面についた抗生物質をLB培地に混ぜるため，試験管を傾けて，LB培地と液滴を接触させる。
　＊十分に混ざったことを目視で確認すること。

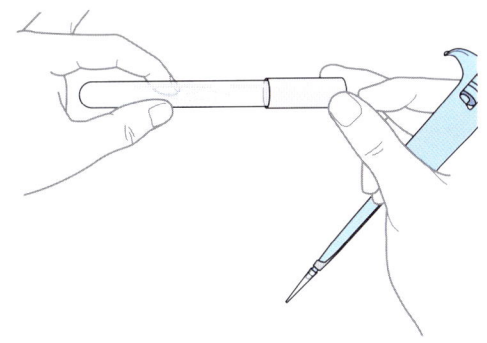

第1部　実験室のイロハ

⑱　コロニーの生じたプレートを実験台上の，炎に近い位置に置く。
　　＊滅菌されたもののフタが閉まっていれば，落ち着いて次の作業の準備ができる。不要なものを遠くにどけ，必要なものを扱いやすい位置に置く。

⑲　白金耳を炎で焼き，十分に赤熱させた後，炎の外に出して冷めるのを待つ。
　　＊白金耳は，70％エタノールに浸けておき，殺菌したものを炎で焼く。

⑳　プレートのフタを開け，冷めた白金耳の先でコロニーをつつく。
　　＊触れる程度で，十分な大腸菌が付着する。

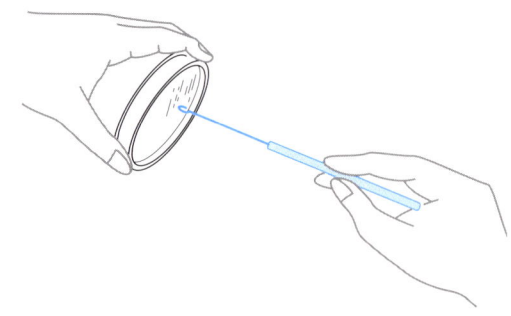

㉑　⑥と同じように試験管のキャップを取る。

㉒　試験管を斜めにし，白金耳をLB培地に浸け，白金耳を回転させるなどして，大腸菌をLB培地に植菌する。
　　＊白金耳の柄の部分は試験管の中に入れない。

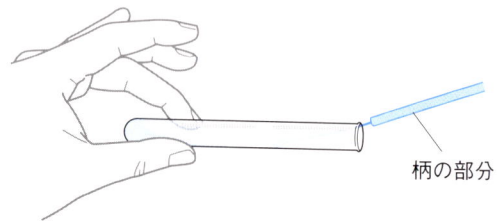
柄の部分

㉓　⑧,⑨と同じように試験管にキャップをする。

㉔　白金耳を70％エタノールに浸け，炎で焼き，赤熱させて殺菌する。これを2回繰り返す。
　　＊焼いた直後の白金耳を70％エタノールに浸けると燃える可能性があり，危険である。十分に冷めてから70％エタノールに漬ける。

㉕　ガスバーナーの火を消し，後片付けを行う。

⑩ ゴミの分別と処理

ゴミの分別は，所属機関によりいろいろな基準・ルールが決められているはずなので，そのルールに従う。ここでは，一般的にある程度汎用性があると思われる分別方法を記す。

【ゴミの大別】

- 一般ゴミ：地方公共団体の行っているゴミ収集に出すゴミであり，指定されたゴミ袋のある場合も多い。
  〈分別〉可燃ゴミ，ビン・缶，ペットボトル，その他の燃えないゴミなど

- 実験ゴミ：実験試薬などが付着しているもの，またその可能性が疑われるような実験器具，濃い色の付着したもの，強い臭いを発するものなどは実験ゴミとして一般ゴミと区別して廃棄する。
  〈分別〉**プラスチック・ゴム系廃棄物**：プラスチック器具，ゴム手袋など
  　　　　金属系廃棄物：アルミホイル，缶など
  　　　　廃試薬ビン・ガラス系廃棄物：試薬ビン，ガラス容器，ピペットなど
  　　　　有機物付着廃棄物：試薬などを拭き取った紙，ろ紙，薬包紙など
  　　　　培養系廃棄物：培養に用いたシャーレ，フラスコ，ピペットなど（オートクレーブ済みのもの）

- 産業廃棄物ゴミ（産廃ゴミ）：実験排水として流してはいけないような試薬，あるいはそれらが付着した器具やゴミなどは，特定の産業廃棄物業者で処理をしてもらう必要がある。
  〈分別〉
  　　特別管理産業廃棄物（特管産廃）：
  　　❶水銀またはその化合物，❷カドミウムまたはその化合物，❸鉛またはその化合物，❹有機リン化合物，❺六価クロム化合物，❻ヒ素またはその化合物，❼シアン化合物（錯化合物を含む），❽PCB，❾トリクロロエチレン，ジクロロメタン，四塩化炭素など，❿チウラム，シマジン，チオベンカルブ，⓫ベンゼン，⓬セレンまたはその化合物

  　　一般産業廃棄物：
  　　❶可燃性有機溶媒（メタノール，ヘキサン，ジメチルホルムアミド，ジメチルスルフォキシド，キシレンなど），❷有機溶媒接触水（❶で水を大量に含むもの），❸有機塩素系化合物を含む廃液（クロロホルム，ジクロロベンゼンなど），❹廃油（シリコンオイルなど），❺有機配位子を含む重金属キレート化合物廃液（鉄，コバルト，ニッケル，銅，亜鉛，スズなど重金属でEDTAなどを含むもの），❻一般重金属（有機配位子を含まない重金属キレート化合物廃液），❼無機フッ素，ホウ素およびその化合物を含む廃液，❽写真用薬品廃液，❾可燃性固体（パラジウムカーボン，ラネーニッケルなど），❿固体廃棄物

  　　　＊❿固体廃棄物の内訳
  　　　・注射器ゴミ：注射器，注射針，その他注射器を連想させるような器具，カミソリの刃などの危険なものも含む。特別のプラスチック容器に入れる。
  　　　・シリカゲルゴミ：乾燥剤やクロマトグラフィーのシリカゲルなど
  　　　・重金属ゴミ：重金属が付着したろ紙や紙類など
  　　　・感染性廃棄物：実験ゴミとして廃棄できないような汚れのひどいシャーレやフラスコなど（オートクレーブ済みのもの）
  　　　・一斗缶：有機溶剤などの入っていた汚い一斗缶

【一般ゴミの捨て方】
　分別されたそれぞれのゴミ箱に捨てる。缶やペットボトルは，できれば内部を一度すすいでおく。ペットボトルのフタおよびラベルはその他の不燃ゴミに捨てる。

【実験ゴミの捨て方】
- プラスチック・ゴム系廃棄物：注射器あるいは注射器に似た形状のプラスチック器具を混入させないこと。透明で厚さ0.05mm以上のゴミ袋に入れる。
- 金属系廃棄物：透明で厚さ0.05mm以上のゴミ袋に入れる。
- 廃試薬ビン・ガラス系廃棄物：小さめの段ボール箱に入れ，それを透明で厚さ0.05mm以上のゴミ袋に入れる。大きなビンはカナヅチなどで破砕しておく。
- 有機物付着廃棄物：透明で厚さ0.05mm以上のゴミ袋に入れる。
- 培養系廃棄物：オートクレーブバッグに入れ，オートクレーブ処理した後に，透明で厚さ0.05mm以上のゴミ袋に入れる。

【産廃ゴミの捨て方】
- 特別管理産業廃棄物（特管産廃）：金属水銀はガラスビンで保管，その他は❶〜❷の分別を行い，個別のプラスチック容器で保管する。❶の水銀化合物は，硫酸酸性で過マンガン酸によって酸化した状態で保管する。❼のシアン化合物は，水酸化ナトリウムを添加し，pH＞11で保管する。⓫のベンゼンは，有機相と水相を分離して別容器に保管する。

- 一般産業廃棄物：❶〜❽の廃液は，それぞれ分別された個別のプラスチック容器で保管する。❺と❻の重金属は，有機相と水相を分離して別容器に保管する。❼のフッ素を含む溶液は中和し，塩化カルシウムで沈殿させる。❽の写真用薬品廃液は，現像液と定着液を別容器に保管する。❾の可燃性固体は，発火しないように水を混和してプラスチック容器で保管する。❿の固体廃棄物のうち，注射器ゴミは専用のプラスチックに入れて保管する。シリカゲルゴミは，透明で厚さ0.05mm以上のゴミ袋を二重にして入れる。重金属ゴミは，透明で厚さ0.05mm以上のゴミ袋を二重にして入れる。感染性廃棄物は，透明で厚さ0.05mm以上のゴミ袋を二重にして入れる。一斗缶は，内部を洗浄し，よく乾燥させて保管する。

⑪ 遺伝子組換え体の処理

　2000年1月に「生物の多様性に関する条約のバイオセーフティに関するカルタヘナ議定書」が採択され，2010年11月の時点で，159か国およびEUが議定書を締結している。この議定書は，遺伝子組換え生物など（LMO；Living Modified Organism）の使用による生物多様性への悪影響（人の健康に対する悪影響も考慮したもの）を防止することを目的としたものであり，日本では，2003年6月に「遺伝子組換え生物等の使用等の規制による生物の多様性の確保に関する法律（いわゆるカルタヘナ法）」および関係政省令などや関係省庁が発出した通達などにより対応している。法律の趣旨は，人工的に作った遺伝子組換え生物は実験室の中だけに封じ込め，自然界に放出しないということである。
　一般的な研究上の遺伝子組換え実験は，学内の安全委員会などに申請を行い，承認を受けた研究課題に関して，教育訓練を受けた従事者のみが行うことになっている。しかし，学部教育や高等学校などでの遺伝子組換え実験は，P1レベルと呼ばれる安全性の高い遺伝子組換え実験を，教育目的に限って，教育訓練を受けていない実習学生が教員の指導の下で行ってもよいことになっている。組換え体を取り扱う際には，法律によって規制された実験内容であることを認識し，組換え体の処理を適切に行う。もし，組換え体が生きたまま実験室外に放出されれば，"事故"として扱われる。心して処理すること。

【組換え体の処理方法：液体】

① 組換え体を含む培養液などは，組換え体を含む廃液の専用ビンに入れ，集めておく。
　＊専用廃液ビンは，大腸菌液などがこぼれないように密閉しておく。
　＊一般的な廃液入れに混入すると，その廃液全体を処理しなければならなくなり，処理する廃液量が増えてしまう。くれぐれも廃液入れを間違えないように。
　＊試験管など，オートクレーブ可能な容器に入ったものは，そのままでも構わない。
　＊大腸菌を集菌した際の上清は，組換え体を含む廃液と考える。

② 121℃，20分オートクレーブで不活化する。

③ 不活化した液体は，通常の流しに捨てる。廃液ビンや試験管などのガラス器具を通常の器具と同様に洗う。

【組換え体の処理方法：寒天培地】

① シャーレから，ヘラを使って培地部分だけをオートクレーブバッグに捨てる。
　＊液体の廃液と一緒にしても構わない。
　＊オートクレーブバッグにモレがないことを確認すること。
　＊使用したヘラも殺菌を行ってから洗うこと。

② シャーレは，チップなどと同じ組換え体の付着したプラスチック類専用ゴミ袋に入れ，プラスチック類として処理する。
　＊少量の寒天が付着していても構わない。

③ 不活化した寒天培地は，熱いうちに大量の水道水で希釈しながら，通常の流しに捨てる。
　＊寒天が冷えて固まるようであれば，そのまま通常の生ゴミとして捨てることも可能。
　＊寒天が固まり，流しを詰まらせる恐れがあるため，十分に希釈し，勢いよく一気に流し，後からも大量の水道水を流しておく。
　＊ステンレスのバケツなどもしっかり洗っておく。

【組換え体の処理方法：チップ，チューブ，紙類】

① プラスチック類と紙類に分別して，それぞれ組換え体の付着したゴミ専用のビニール袋に入れる。
　＊ビニール袋は，破れにくい厚手のものを使用する。

② オートクレーブバッグに袋ごと入れ，121℃，20分オートクレーブで不活化し，それぞれの分別にしたがって，一般ゴミとして捨てる。

【組換え体の処理方法：ガラス器具類】

① 培養液などは，可能な限り液体廃液に入れる。

② 大腸菌液の付着したところを中心に，70%エタノールを十分に噴霧し，殺菌する。

③ 一般の実験器具と同様に洗う。
　＊逆性洗剤に浸漬し，その後一般器具と同様に洗うことも推奨される。

実験の基本と原理

第 2 部　装置・器具の使い方

第2部では，バイオ実験で使用頻度の高い装置・器具について，特徴と使用法，注意点などを解説する。注意しなければいけないポイントとその理由をしっかりと理解することで，実験の失敗が確実に減る。特に，手技が問題となるチューブやピペットの扱いについては，使用済みのチューブなどを用いて，自然と操作できるようになっておくとよい。

❶ マイクロチューブ

【特徴】
製造メーカーの名前をとって「エッペンドルフチューブ」，略して「エッペン」と呼ばれることが多い。
- 素材：ポリプロピレン（耐薬品性能は第2部-⑳参照）
- 耐久遠心力：15,000g程度（ローターの形状や使用条件などにより異なる）。
- 容量：通常1.5mL，他に2mL，0.6mL，0.2mLなど。
- 底の形状：U底，平底
- シリコナイズ処理：有，無
- 滅菌状態：滅菌が必要な場合はオートクレーブ滅菌する。

通常はDNase-freeおよびRNase-free。なお，上記特徴は一般的な性質である。シビアな使用条件の場合は，個々の製品の型番などで確認する。また，PCR反応（第4部-㉛参照）の際には，PCRチューブとも呼ばれる特殊なマイクロチューブを用いる。これは，熱伝導性を高めるために底の部分の肉厚をできるだけ薄くしたものであり，脆弱なため，強い遠心力や大きな加重をかけるような操作には用いない。

【使用法】
■ 持ち方
　指の体温をチューブ内の溶液にできるだけ伝えないようにするため，またチューブ内の視認性を上げるために，チューブは親指と人差し指の先だけで上部をつまむように持つ。

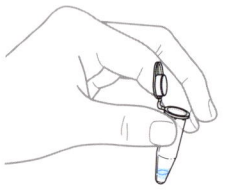

■ フタの開け方
　チューブを持っていない手の人差し指の腹側をフタの上面に添え，親指の爪をフタ先端のタブに縦に押し当てフタを開ける。浮き上がったフタのタブをそのまま十分に開く。一連の操作中に，フタのチューブ内に入る部分に爪や指先が触れては絶対にいけない。
　チューブスタンドを利用する場合は，一方の手でチューブスタンドを保持し，もう一方の手は上記と同様にする。

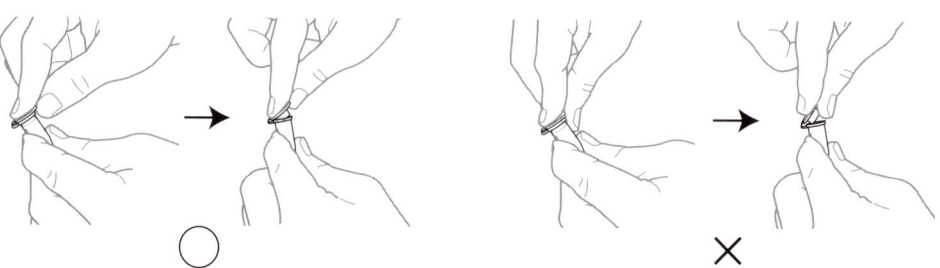

■ フタの閉め方
　チューブを持っていない手の人差し指の指先腹側をフタの上にあてがい，フタをチューブ口部分まで折り曲げ，そのままフタ上面をしっかり押さえて閉める。一連の操作中，フタのチューブ内に入る部分に，爪や指先が触れては絶対にいけない。
　チューブスタンドを利用する場合は，一方の手でチューブスタンドを保持し，もう一方の手は上記と同様にする。

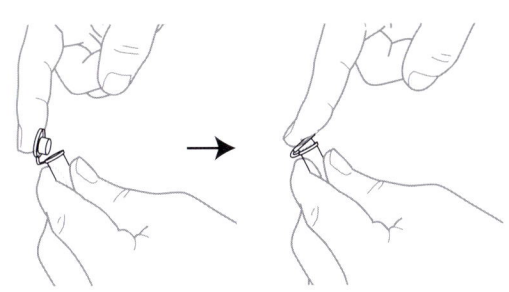

■ 片手だけでのフタの開閉
　開ける場合は，チューブを中指と薬指の付け根あたりでしっかりと保持し，人差し指をフタの上面に添え，親指の指先をフタのタブ先端にあてがい，フタを開ける。そのまま親指でフタを起こすか，あるいはチューブを中指と親指の指先でつまむように持ち替え，人差し指でフタを十分に起こす。
　閉める場合は，フタを起こした指でフタ上面を押さえてしっかり閉める。
　この一連の操作中は，チューブ全体を握るような持ち方になるので，体温が伝わりやすく，親指や人差し指の腹側がフタのチューブ内に入る部分に触れやすいため，通常は行わないほうがよい。

❷ キャップロック

　マイクロチューブを加熱する際，内部の空気の膨張でフタが開いてしまうのを防ぐ器具。

【特徴】
・素材：ポリプロピレン（耐薬品性能は第2部-⑳参照）

【使用法】
　フタを閉めたマイクロチューブの口のリム部分と，フタの外周部分をキャップロックの隙間に挟み込み，固定する。

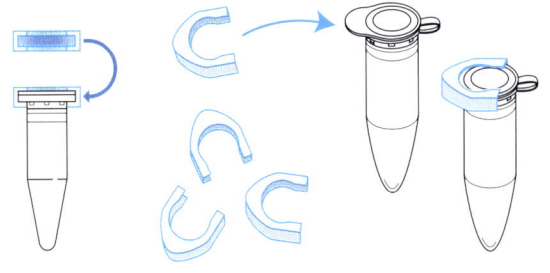

❸ コニカルチューブ（遠心チューブ）

【特徴】
製造メーカーとフタの色から「ブルーファルコン」などと呼ばれることが多い。
・素材：ポリプロピレン，ポリスチレン（耐薬品性能は第2部-⑳参照）
・耐久遠心力：3,000〜10,000g程度（製品により大きく異なる）
・容量：15mL，50mL
・形状：コニカル，自立型
・フタ：スクリューキャップ
・滅菌状態：γ線滅菌済み
通常は DNase-free および RNase-free。少量の試薬の保存などにも多用される。使用目的に応じて適切なものを選択する。

【使用法】

■ 持ち方
指の体温をチューブ内の溶液にできるだけ伝えないようにするため、またチューブ内の視認性を上げるために、チューブは親指と人差し指、中指の先だけで上部をつまむように持つ。

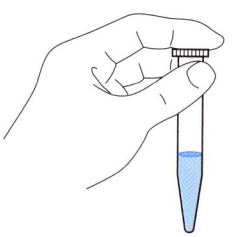

■ フタの開け方
チューブを一方の手で持ち、もう一方の手でフタを回して開ける。フタの上部内面に溶液などが付着している場合があるので、それをこぼしたりチューブの外側に垂らしてしまうことがないよう、注意を払う。フタを回す際にも、フタに溶液が付着しないよう、静かに回す。

■ 片手だけでのフタの開閉
チューブを中指、薬指、小指で握るように持ち、親指と人差し指でフタをねじって開閉する。フタを開けている間は、親指と人差し指でフタを保持しておく。この一連の操作中は、チューブ全体を握るような持ち方になるので、体温が伝わりやすく、指の付け根などがチューブの口の部分に触れやすいため、注意が必要である。

パスツールピペット・駒込ピペット

【特徴】
ニップルを取り付けて使用するピペットを紹介する。後述のメスピペットにニップルをつけて使用する場合も多い。

- ピペット
  - 素材：ガラス、ポリプロピレン、ポリスチレン（耐薬品性能は第2部-⑳参照）。
  - 容量：パスツールは2mL強、駒込は3mL、5mL、10mLなど。
  - 先端形状：パスツールには先端部の長いLong（9.25'）と一般的なShort（5'）がある。
  - 滅菌状態：滅菌なし。滅菌缶に入れて乾熱滅菌する。
- ニップル
  - 素材：シリコン、ゴム
  - 容量：1、2、5、10mLなど。
  - 口径：ピペットの容量に対応して口径が異なる。ピペットとの適合性に注意。
  - 滅菌状態：シリコン製ならオートクレーブ滅菌可能。

【使用法】

■ ニップルのつけ方
利き手の親指、人差し指、中指でしっかりニップルの根元を持ち、もう一方の手の同じ三本指でピペットの根元近くを挟んで保持する。ピペットの根元へ斜めの位置からニップルを押し込む。

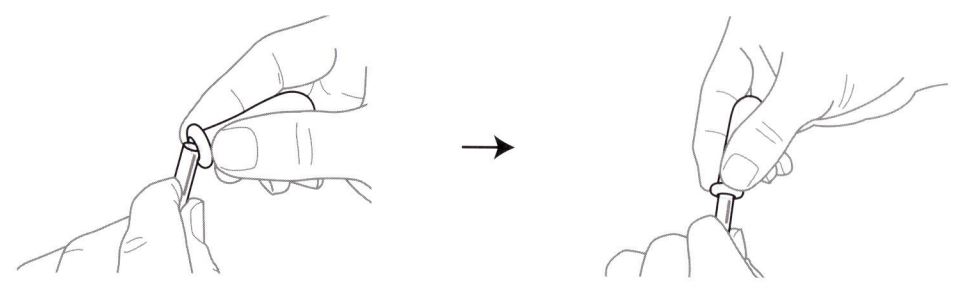

■ 持ち方 ①（基本型）
　ピペットを中指，薬指，小指で握るように保持する。ニップルは，人差し指の付け根から第二関節あたりの持ちやすい位置と親指の腹側との間で横から挟むように持つ。ニップルだけをつまむ持ち方は，ピペット先端をしっかりと固定できず，液だれなども起こしやすいのでタブーである。

■ 持ち方 ②（ピペットをより長く利用する）
　基本型の持ち方の薬指と小指をピペットのウラ側に回し，中指と薬指の背側とでピペットを挟むように保持する。ニップルは基本型の持ち方と同じであるが，持ちやすい位置が少し変わることもある。この持ち方はピペットへ体温が伝わりにくく，ピペット内部の視認性も高まる。またピペットの先を長く使えるので，長いチューブ内の溶液を取る際には必要な持ち方である。

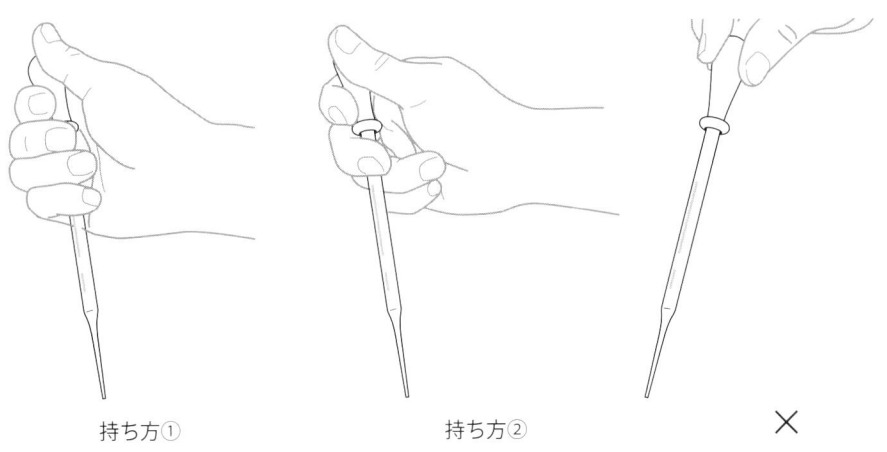

持ち方①　　　　　持ち方②　　　　　×

■ 使い方（液の移動・分注など）
　ニップルは，正しい持ち方で自然にいっぱいまで押さえれば，ほぼそのニップルの容量の分だけ吸い取れるようになっている。当然だが，少しだけ押せば，少しだけ吸い取れる。ニップルのついたピペットの便利なところは，指先の加減ひとつで必要な液量を瞬時に調節しながら，液を移したり，ピペッティング作業などが行える点である。どれぐらい押さえれば，どれぐらいの液量が吸い取れるかを覚えるとよい。

①　液に浸ける前に，ニップルを必要な液量より少しだけ多く吸い取るように加減して押さえる。

②　ピペットの先端のみ液に浸け，ニップルを挟む指をゆっくり緩め，必要な液量を吸い取る。

③　ニップルを押さえていない状態で移動する（比較的正確な液量が必要な場合，ここでごく軽く押さえて調節する）。

④　ピペットの先端を移動先のチューブの壁面，あるいは液面上部に保持し，適切なスピードで溶液を滴下する。

■ 使い方（ピペッティング）
　ピペットを液に浸けた状態で，液の出し入れを行うことで，液を撹拌・混合したり，沈殿物を崩したりする作業をピペッティングという。

①　液に浸ける前に，ピペッティングの際に出し入れする液量程度に，ニップルを押さえる。

② ピペットの先端を液に浸け，吸い込みながら，液面が下がるのに合わせてピペットを下げていく。

③ ニップルを押さえた分だけ吸い取ったら，適切なスピードでニップルを押さえて液を吹き出しながら，液面の上昇に合わせてピペットを上に上げる。

④ ピペット内の空気を押し出す直前まで吹き出し，ピペットの先端は溶液から出さない。

⑤ ②〜④の操作を適当な回数繰り返し，最後には，ピペット内の液を全量吹き出し，ピペットをチューブから抜く。

❺ メスピペット

メスピペットには基本的に安全ピペッターを装着して用いる。安全ピペッターには電動式や，ローラー，ゴム球を操作して吸引・吐出を行うものなど，多様な種類があるが，ここではローラー式のものを例に説明する。

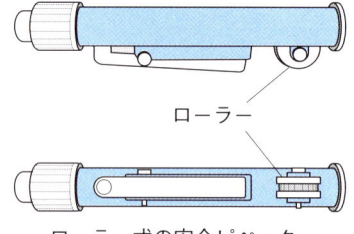
ローラー式の安全ピペッター

① 滅菌缶のフタをしっかり押さえて，ゆっくりフタの側を下へ傾け，中のピペットを口の近くまで出し，滅菌缶のフタを開ける。
  ＊ピペットは先端を奥にして入っている。ピペットを取り出しやすくしておき，迅速，確実な操作をしやすくすること。

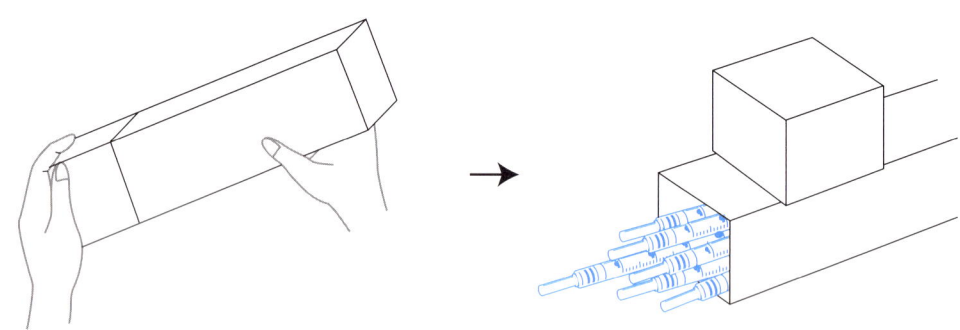

② メスピペットを滅菌缶から取り出し，ニップルと同様に安全ピペッターをピペットの後端に取り付ける（最後に吹き出すために，少量の空気を吸った状態にしておく）。
  ＊必要以外のピペットにはできるだけ触れないように取りだす。
  ＊ピペットが，先端目盛（serological；吹き出し式ともいい，ピペット内部の液を全部出し切って液量を計るタイプのもの）か，普通目盛（measuring；ゼロの目盛が先端より少し上に刻まれており，そこから先端までの液量を残して計量するタイプ）かを確認しておく。

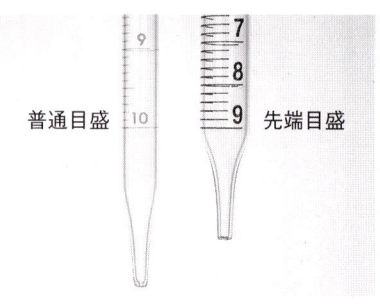
普通目盛　先端目盛

③ 試薬ビンのフタを取り，ピペットを差し込む。
　＊ピペットは液に先端部分だけを浸けるように心がける。これもコンタミを防ぐ配慮であるとともに，ピペットの外側に試薬がついて生じる計量誤差を最小限にするためである。
　＊試験管に10mLのメスピペットを差し込むときなど容器に余裕のないときは，先端を液に浸け，吸い込みながら先端が液面から出ないようにピペットを下げていく。

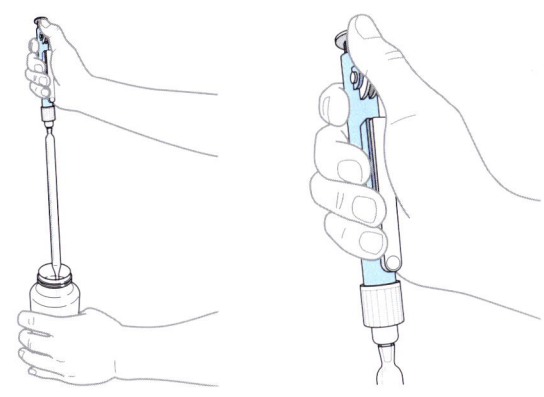

④ 親指でローラーを回転させ，必要量吸引する（必要に応じてピペットの先端を下げて液面から出ないように調整する）。
　＊静かに吸うこと。勢いよく吸うと気泡が入ったり，ひどいときは飛沫が飛び，安全ピペッター内を汚染してしまう。吸引中にピペットの先端を液面から出さないように。

⑤ 吸引しながらメスピペットの目盛を目の前にもってくる。それと同時に，ピペットの先端は試薬ビンの壁面などに沿わせる。
　＊ピペットを液に浸けたまま計ると，水圧で液面が上がってしまい本当の液量より少なく計量することになってしまう。

⑥ ローラーを調節し，希望の液量に合わせる。

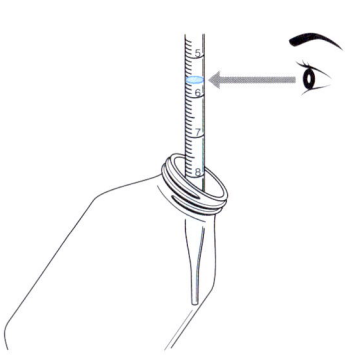

⑦ 溶液を移動させる容器にピペットを移し，親指でローラーを逆に回して排出する（液が出きったところで少し待つと，残った液がピペット先端に溜まる。その後，最後までピストンを下げきることで，最初に入っていた空気を使って先端に残った液を吹き出すことができる）。
　＊壁面に沿わせたほうがピペットも安定するし，試薬の注入もスムーズである。ピペット内の試薬をいくらかずつ分注するときには，ピペット内の液面を目の前で水平に見ながら順次別の容器に滴下する。

⑧ 使い終わったピペットはすぐに水を張ったバケツなどに浸ける。

【メスピペットを口で吸う方法】

■ 最近では，安全面への配慮から敬遠されがちだが，注意点を守れば便利な方法である。ピペット後端に綿栓を挿入したものを用いれば，安全面でもコンタミ防止の面でもよい。

① ピペットは後端を親指と中指と薬指で持ち，人差し指は後端をふさぐために使う。

② 液を吸うときは静かに吸い，必要な液量より多めに吸い取り，すぐ人差し指で後端をふさぐ。

③ 必要な量を合わせるときは，目盛りを見ながら，人差し指をずらすようにして後端をわずかに開放する。

④ 液を出すときは，人差し指を離して，自然に吐出させる。

⑤ ピペット先端に残った液を出すときは，以下のいずれかの方法で吐出する。
  a) ピペットの後端を指で押さえて，ピペットの中間部分を炎であぶり，膨張した空気で吹き出す。
  b) ピペットの後端を指で押さえて，ピペットの中間部分をもう一方の手で握って温め，膨張した空気で押し出す。
  c) 口を後端に当て，息で吹き出す。
  ＊a)，b) は，無菌的に操作する際に必要。c) もよく用いる方法であるが，無菌操作では決して行ってはいけない。

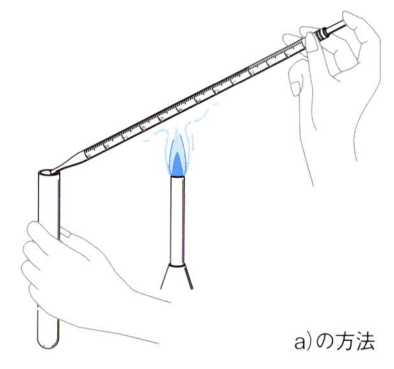
a)の方法

6 マイクロピペッター

　一般的な名称としては，リキッドハンドリングマシーンとかマイクロピペッター，オートピペット，ディスペンサーなどといろいろな呼び方をされる。初期のころの製品名から「ピペットマン」と呼ばれることも多い。ピストンを上下することで内部の空気を出し入れする構造であり，ピストンの上下する距離を変えることで空気の量を調節して液体の量を調節することができる。構造および各部の名称は右下の図の通り。

【マイクロピペッター使用上の基本的注意】

■ **使用できる容量の範囲があるので，その範囲内で使用する。**
　様々な機種があるが，以下のように分かれている場合が多い。
・容量範囲　100～1,000μL
・容量範囲　 10～ 100μL
・容量範囲　0.5～ 10μL

■ **チップを先端に取り付けて使用する。機種により対応するチップが異なる。**
・ブルーチップ：　　容量範囲　100～1,000μL
・イエローチップ：　容量範囲　　1～ 200μL
・クリスタルチップ：容量範囲　0.1～ 10μL
名前と実際のチップの色が対応しない場合もある。形状で判断すること。

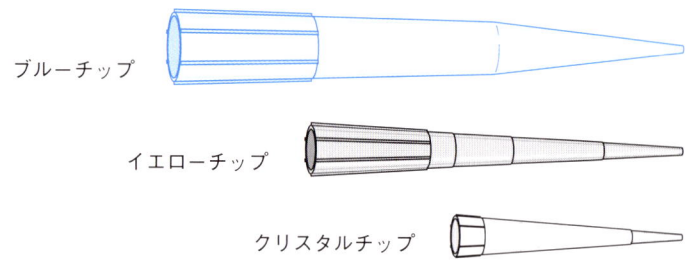

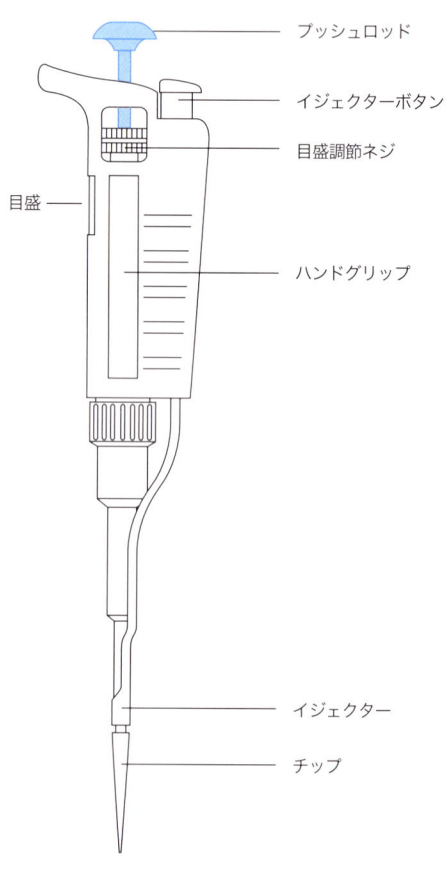

■ **取り扱う試薬ごとにチップを交換する。**
　ただし，実験の状況に応じて使用するチップの量を減らす（節約する）方法を考えること。

■ **目盛は，容量の範囲を超えて回してはいけない。**
　容量の調節は，目盛調節ネジを回す。プッシュロッドを回すタイプもある。

【マイクロピペッターで正確に計量する際の注意】

■ 温度
　室温が低い場合には，手で握った本体の温度が高いため，吸入した空気が操作の間に膨張し，溶液を押し出す。逆に冷たい溶液を吸入した際に，溶液と接する付近の空気が収縮し，設定値以上に吸い込む。

■ 気密性
　ピペットとチップの接合部，ピペット内のO-リングやパッキングの隙間などから空気が漏れると，正確に計量できない。ときには吸引もできないこともある。

■ 出し入れの速さ
　プッシュロッドの操作を急激に行うと，陰圧，陽圧のかかり方が大きくなり，気密性が悪くなったり，吸引する液体に気泡が発生したりして正確に計量できない。ひどいときには，液体が飛び跳ねてピペット本体を汚染することも多い。

■ 試薬の揮発性
　揮発性の高い溶液を吸い込んだ際，ピペット内で溶液が蒸発し，内部の圧力を高めてしまい，溶液を押し出してしまうことがある。

■ 溶液の粘性
　グリセロールなど粘性の高い溶液を吸い込むときは，ゆっくり出し入れする。粘性が高いとチップ内やチップ外側に残る液量は桁違いに多くなる。

■ チップ内の液の残り
　多かれ少なかれ，チップ内にはいくらか液が残ってしまう。計量時には，その量を意識する必要がある。その量は，溶液の粘性やチップの材質などにも影響される。

■ チップ外側の液の残り
　多かれ少なかれ，チップ外にもいくらか液が残ってしまう。計量時には，その量を持ち込まないようにする。また，その量を最小限にするため，先端を液に浸ける深さを最小限にする。

■ 吐出後の液滴や泡
　分注作業などでチップを空中に浮かせて吐出すると，チップの先端に液滴や泡が生じることがある。特に少量の液体を扱う際には，その分の誤差が無視できなくなることも多いので，必ず溶液の挙動を注視する。

■ ピペットの角度
　特に大容量のピペットでは，チップの先端から液面までの距離が大きくなるため，チップ先端の水圧変化により吸い込む量が変化してしまうことがある。垂直が基本。

■ 溶液の水圧
　チップを溶液に深く浸けると，水圧がかかり多めに吸引することになる。その影響を最小限にするため，先端を液に浸ける深さを最小限にする。

【基本的な使い方】

■ 容量目盛の合わせ方

通常，容量の範囲によらず，目盛は3桁が一般的。上から読む。最小桁が赤字であれば，それは小数点以下を示し，最大桁が赤字であれば，それは1,000μLの桁を示している。

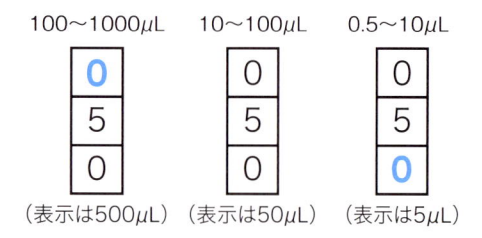

100〜1000μL　　10〜100μL　　0.5〜10μL

0	0	0
5	5	5
0	0	0

（表示は500μL）　（表示は50μL）　（表示は5μL）

■ マイクロピペッターの持ち方

作業の際にチップの先端を目的の位置に正確に，かつピッタリと静止させて保持することが重要。マイクロピペッターを持っていないほうの手はチューブスタンドかマイクロピペッターに添える。

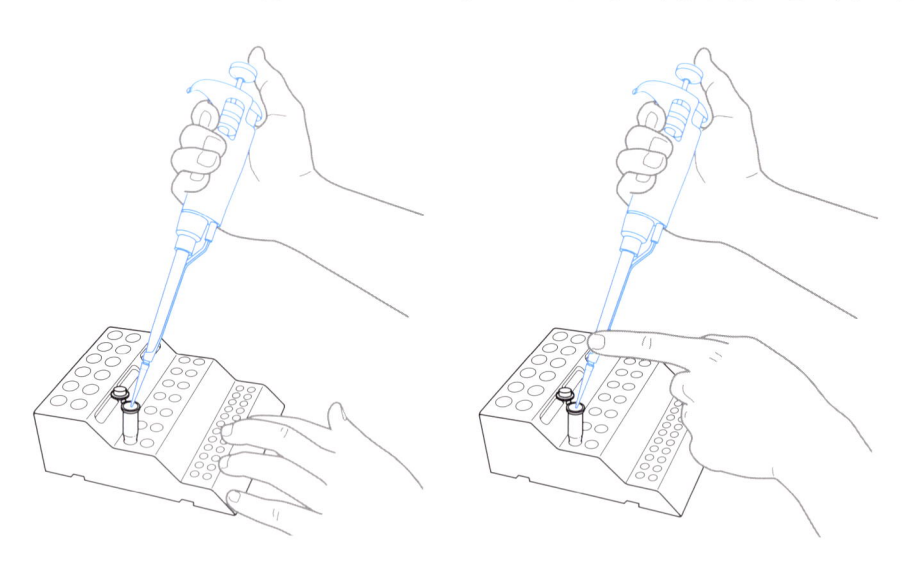

■ チップの装着方法

・無菌操作の必要な場合

チップラックのフタを片手で開け，マイクロピペッターをチップに垂直に差し込み，ギュッと押し付けることで密着させる。装着後は，すぐにチップラックのフタを閉める。このときチップが斜めについてしまうと気密性が悪くなり，正確に計量できない。

・無菌操作の必要ない場合

チップの付け根を指で持ち，ねじ込むようにマイクロピペッターに装着する。

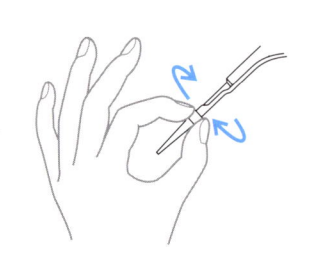

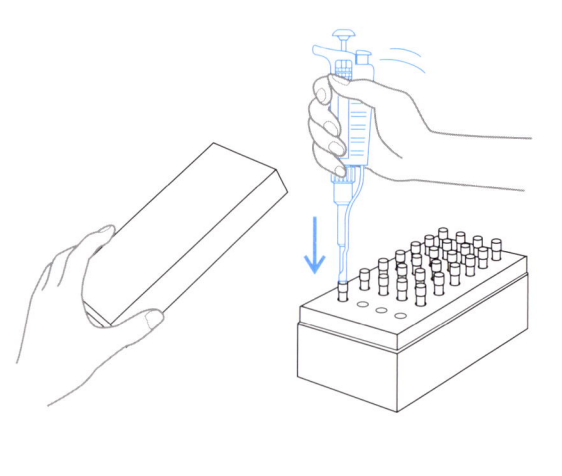

■ チップの取り外し（イジェクト）
・一般的な場合
　チップ捨ての容器の上で，一方の手でチップの付け根を指で持ち，ねじるようにしながら，マイクロピペッターのチップイジェクトボタンを押して外す。
　　＊イジェクトボタンを押す指への負担が軽減される。
　　＊チップが外れた際にチップ先端に残った試薬が本体側に飛び跳ねるのを防ぐ。
・チップに液が残っていない場合
　チップ捨ての容器の上で，マイクロピペッターのチップイジェクトボタンを押して外す。

■ 溶液の吸引
① マイクロピペッターの目盛を必要量に合わせる。

② チップを装着する。

③ プッシュロッドを第一ストップまで押し込み，その後，チップの先端を溶液に浸ける。
　この際，あまり深く差し込まないようにする。コンタミの危険性も増し，水圧の影響で正確に計量できない場合がある。それぞれのチップにより，溶液に浸すチップの深さは以下のような値が適正とされている。
　　クリスタルチップ　　　1mm以下
　　イエローチップ　　　　2〜3mm
　　ブルーチップ　　　　　2〜4mm

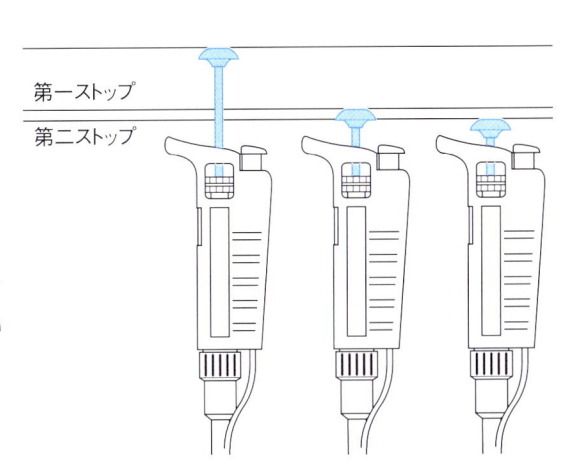

④ ゆっくりとプッシュロッドを戻し，溶液を吸い上げる。
　急いでプッシュロッドを戻すと，チップ内で溶液が飛散してマイクロピペッターの内部を汚したり，計量が不正確になったりするので，吸引中のチップ内の液面の様子に注意する。

⑤ 同じ容器の壁面にチップ先端を軽く押し当て，チップ先端の外側に付着した溶液を切る。

■ 溶液の吐出（パターン1）
　チップ先端を容器の壁面に軽く押し当て，ゆっくりとプッシュロッドを第一ストップまで押し下げ，溶液を出す。このときチップの先端に少量の溶液が残るがそのままにしておく。

■ 溶液の吐出（パターン2）
　チップ先端を容器の壁面に軽く押し当て，ゆっくりとプッシュロッドを第一ストップまで押し下げ，そのままさらに第二ストップまでプッシュロッドを押し，チップ内の溶液をすべて出す。

■ 溶液の吐出（パターン3）
　チップ先端を容器の上に静止させ，プッシュロッドをスムーズに第一ストップまで押し下げ，そのままさらに第二ストップまでプッシュロッドを押し，チップ内の溶液をすべて出す。

第2部　装置・器具の使い方

【使用法1】

正確第一，正統派の計量。アルコールなど揮発性の高い液体を扱う際も，この使用法で計量する。

① 溶液を吸い取る。

② 同じ容器内で，溶液の吐出（パターン1）で溶液を一度出す。

③ ①②を2〜3回繰り返し，チップ内に残る液量は残す。

④ もう一度溶液を吸い取り，同じ容器内で壁面にチップ先端を軽くつけ，先端外側に付着した液を切る。

⑤ 溶液を入れるべき容器の壁面にチップを軽く押し当て，溶液の吐出（パターン1）で溶液を吐出する。

⑥ チップ先端内部に残った液はそのままにして，チップを取り外す。

【使用法2】

操作は早いが，チップ内面に残る液量だけ少なく計量することになる。

① 溶液を吸い取る。

② 溶液を入れるべき容器の壁面にチップを軽く押し当て，溶液の吐出（パターン2）で溶液を吐出する。

【使用法3】

チップ先端に残る液量を一定にコントロールできないので計量は不正確になるが，分注作業でチップの使用本数を減らすことができる。泡の出やすい溶液の場合，チップ内に泡ができ正確な計量はできない。

① 溶液を吸い取る。

② 溶液を入れるべき容器の上で静止させ，溶液の吐出（パターン3）で溶液を吐出する。

③ 分注作業の場合は，①②を繰り返す。

【使用法4】

酵素溶液などの粘性のある溶液や貴重な試料など，チップ内に入った溶液をすべて移したい場合。ただし，1回ごとに必ずチップを交換する。

　　　＊溶液を入れるべき容器には，あらかじめ純水など他の必要な溶液を入れておく。

① 溶液を吸い取る。

② 入れるべき容器に入っている溶液にチップ先端を浸け，溶液の吐出（パターン1）で溶液を吐出する。

③ そのまま，第一ストップまでを利用してピペッティングを数回行い，チップ内を容器内の液で洗う。

④ チップを引き上げ，溶液の吐出（パターン2）で，チップ先端に残った溶液を吐出する。

■ 使用するチップを節約する方法
【同じ溶液を複数の容器に分注する場合】
　【使用法1】で，チップを押し当てる容器の壁面に他の試薬などが付着していない保証があれば，④⑤を繰り返して同一の溶液を複数の容器に分注することが可能。
　同様の目的の場合，【使用法2】はチップ先端に残る液量を一定にコントロールできないので利用しない。

【コンタミを防ぐ方法】
　図のように，チューブのフタの付け根を目印として，壁面に何か所かの区画を想定し，必ずその区画内に溶液の液滴を付けるようにして，分注する。こうすることで，容器の壁面に他の試薬などが付着していない保証を得ることができる。さらに，フタの内側も同様に何か所か利用できる。フタをした後，卓上遠心機（第2部-⑮参照）で遠心し，溶液をチューブの底に集める。

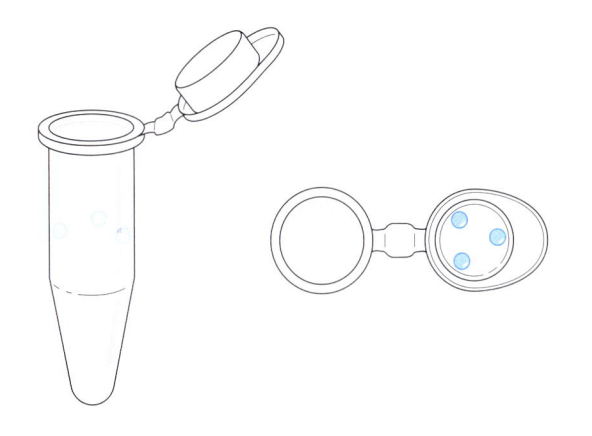

コラム【マイクロピペッターのキャリブレーションと練習法】
● キャリブレーション：
　1mgを正確に量れる電子天秤を用いて，マイクロチューブ壁面などに純水の液滴を作り，液量の表示とその重さを比較する作業を何度か繰り返すことで，その設定目盛との誤差や計量のバラツキを知ることができる。ピペットごとに，適当な設定値を何か所か取り，同様のキャリブレーションを行う。
● 練習法：
　パラフィルム上で，10μLの純水の液滴を作り，それを2μLあるいは1μLに設定したピペットで5個あるいは10個の液滴に分ける。液滴の大きさを目視で判断し，正確に同じ大きさの液滴に分けられればOK。この作業中に，1μLの液滴の大きさ，チップ内での液面の位置などを正確に覚える。少量の液滴は，蒸発による減少が思いのほか大きい。手早く行わないと無意味になる。他の液量でも同様に行う。

❼ ローテーター（シェーカー，ロッカー，ロタリーシェーカー）

　サンプルなどをゆっくりと振盪するための装置。タッパーウェアのような容器を載せて，水平に回転するもの，シーソー運動をするもの，回転運動とシーソー運動を組み合わせたような三次元的な動きをするものや，チューブなどを固定して水車のように回転させるものなど，様々なタイプがある。容器の種類と振盪の方向などで，用途に合った機種を選定する。

【ローテーター使用上の注意】
- 振盪の速さは，サンプルが壊れない程度に調節する。
- 溶液をまんべんなく試料全体に行き渡らせることを目的とする場合が多い。容器内の液量などの条件に左右されることから，随時振盪の様子をチェックして，振盪が不十分にならないように注意する。
- 機種によっては，試料台の傾く深さを調節できるものもある。その場合には，十分な振盪が可能なように調節しておく。

【ローテーターの使い方】
① 試料台の上に容器を載せ，電源を入れる。

② 回転の速さを調節する。

③ 終了したら，電源を切る。

④ 試料台などが汚れていたら，すぐに拭き取る。
　＊バッファー類に含まれる塩や酸は，機器をさびさせやすいので要注意。

❽ ソニケーター（超音波破砕装置）

　超音波を発生させて，そのエネルギーで大腸菌などの試料を破砕（sonication；ソニケーション）するための装置。出力の大きさと，超音波を発生させる部分（プローブ）の大きさが，目的の試料の量とそれを入れる容器に適合する機種を選定する。ソニケーターがない場合は，通常のホモジェナイザーで十分な場合も多い。大腸菌の破砕に関しても，タイトフィット（隙間の狭い）タイプのホモジェナイザーで対応可能である。

【ソニケーター使用上の注意】
- 超音波を発生するため，使用中は騒音が激しい。出力の大きな装置の場合は，防音容器内で破砕作業を行うようにする。
- プローブは，超音波発生時には発熱する。プローブを保護するため，超音波を発生させるのは必ず液体中で行い，空気中では発振させないようにする。
- 超音波破砕の際は発熱する。寒剤（第4部-③参照）などを用いて，サンプルの温度上昇を極力抑えること。また，10秒発振し5秒休む，といった間欠的な破砕プログラムを組むと，サンプルの温度上昇を抑えることができる。
- ソニケーションは，もっともエアロゾル（aerosol；煙霧質，気体中に散在している固体や液体の粒子）の発生しやすい実験ステップである。遺伝子組換え体大腸菌や有害物質を含む場合には，安全キャビネットやドラフト内で行うことが望ましい。

【ソニケーターの使い方】
① プローブの試料に浸ける部分を，70％エタノールで拭き，きれいにしておく。
　＊余分なタンパク質や分解酵素などを混入させないため。

② 電源を入れる。

③ 出力を調節する。

④ プローブの先端を試料に浸け，発振させる。
  * 手持ちの機種であれば，適宜プローブを上下させるなど，効率的に破砕できるように工夫する。
  * プローブの先端が発振中に液面から出てしまったり，発振しながら液面に浸けてしまったり，あるいは発振中に液面にごく近いところまで来てしまったりすると，無数の細かい泡を生じることがある。気泡はタンパク質などの高次構造を破壊しやすいので，できるだけ泡立てないように注意する。

⑤ 終了したら，電源を切る。

⑥ プローブを70％エタノールで拭き，きれいにしておく。

❾ マグネティックスターラー

容器内にスターラーバー（回転子；撹拌のための磁石の入った棒あるいは小片）を入れ，外部から磁力でモーターの回転をスターラーバーに伝え，容器内の液体を撹拌するための装置。

【スターラー使用上の注意】
- 装置の中心に容器の中心が来るように容器を置く。ズレ方が大きいと，モーターの回転がうまくスターラーバーに伝わらないことがある。
- モーターの回転は徐々に上げる。溶液全体が渦を生じて回転しだすまで，モーターの回転がうまく伝わらないことがある。
- モーターの回転を上げすぎると，スターラーバーが容器内で飛び跳ねることがある。特にガラス電極のpHメーター使用中は，飛び跳ねたスターラーバーが電極を破壊する恐れがあるので，回転を上げすぎないように注意する。
- スターラーの調節を一定にしていても，溶液全体が渦を生じて回転しだすまで，スターラーバーの回転は次第に速くなる。回転を上げすぎないために，調節は控えめにしておく。

【スターラーの使い方】
① 容器内にスターラーバーを入れる。
  * スターラーバーに手垢などをつけないように取り扱う。
  * ガラス容器に入れる際には，容器を斜めにして，落下したスターラーバーで容器を破損しないように注意する。

② 容器をスターラーに載せる。

③ 回転スピードの調節がゼロになっていることを確認して電源を入れる。

④ 様子を見ながら，徐々に回転の速さを調節する。

⑤ 終了したら，電源を切る。

⑩ pHメーター

【pHメーター使用上の注意】

■ 電極の違い

pH電極には，ガラス電極と半導体（ISFET；ion sensitive field effect transistor；イオン応答電界効果トランジスタ）電極がある。ガラス電極は，割れやすい点や乾燥させられない点が欠点であるが，精度ではISFETを上回る。ISFETは，割れない，乾燥させてもよいなどの利点から，固体試料の表面や内部に突き刺す電極などにも重宝される。

■ すべての電極に共通の注意事項

* 電極の違いにかかわらず，それぞれのセンサー表面の起電力と比較電極の起電力との間の差を計測することから，この2つの電極の間を被検液がつなぎ，回路が形成される必要がある。ガラス複合電極ならガラス電極表面と液絡部，ISFETでも2つの電極表面が同一の溶液でつながっている必要がある。
* pH10以上あるいはpH3以下の溶液の場合，通常のプローブでは正しくpH測定ができないと考えたほうがよい。プローブを強酸性や強塩基性の溶液に浸けると，その影響で比較的長時間正確な測定ができなくなる。pH調整用の濃い溶液を滴下する際には，電極からできるだけ遠い所に滴下する。

■ ガラス電極使用上の注意

ガラス電極の場合，ガラスプローブ内外の水素イオン濃度差によって生じる電位差を測定する。

* プローブのガラスが非常に薄く割れやすいので，使用中にスターラーバーやチップの先がプローブに触れないように注意する。
* ガラスプローブが乾燥しないよう，使用しないときは純水に浸けておく。
* 内液量が十分にあることを確認しておくこと。プローブの内液を入れる穴が閉じてある場合は，測定前にフタ（図中のゴム栓）を取るのを忘れないようにする。

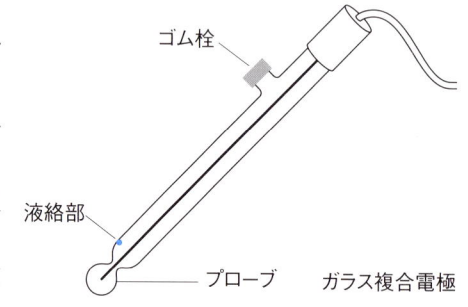

■ 校正上の注意

通常は校正用の標準液として，中性のリン酸緩衝液（25mM KH_2PO_4, 25mM Na_2HPO_4）と酸性のフタル酸緩衝液[50mM $C_6H_4(COOK)(COOH)$]，そして塩基性のホウ酸緩衝液（10mM $Na_2B_4O_7 \cdot 10H_2O$）を用いる。それぞれの25℃におけるpHは6.86，4.01，9.18である。

* ホウ酸緩衝液は空気中の二酸化炭素を吸収してpHが酸性側に動くので，標準液はできるだけ大気にさらさないようにする。
* pHメーターによっては，他の標準液を選択できるものもある。準備している標準液で校正する設定になっていることを確認すること。
* 理想的には中性，酸性側，アルカリ性側の3点校正を行うのがよいが，電極の汚れなどの影響で，3点校正ができない場合もある。通常は，測定したいpHに近い2点校正を行う。
* pH=7での一点校正は，測定前には必ず行う。pH=7とpH=4（あるいはpH=7とpH=10）での2点校正は，1〜2週間に一度くらいの頻度で行うとよい。

■ pH測定の2タイプ

pHの測定を行う際，①電極を測定する溶液に浸け込み，スターラーで撹拌しながらpH変化を常時モニターしていく方法，②随時，測定する溶液から一部を取り出し，それぞれのpHをポイントごとで測定する方法の2タイプに分けることができる。①の場合，電極を滅菌することができないため，pH測定後に滅菌作業する必要がある。②では，溶

液を取り出すチップが無菌的であれば，溶液の無菌状態を保持することが可能である。

【pHメーター使用法：一般的卓上型】

① pHメーターの電源を入れる。

② 電極の（乾燥防止のための）カバーを外し，ゴム栓を取る。
  ＊ゴム栓を外すことで電極内部に大気圧がかかり，液絡部を通してイオンの交換が正常に起こるようになる。

③ 電極を純水の洗ビンを用いてすすぎ，キムワイプで撫でるように拭く。
  ＊電極を指で触ってはいけない。

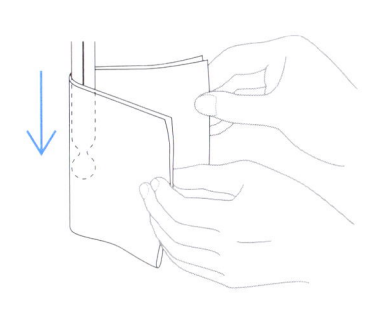

④ すすぎ終わった電極をすぐに測定する試料の中に浸ける。
  ＊必ず電極の液絡部が溶液に浸かっているように。

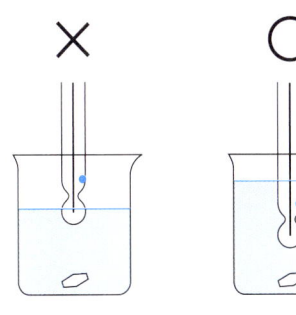

⑤ 測定試料をよく撹拌しながら測定値を読み取る。
  ＊スターラーとスターラーバーを用いて撹拌しながら測定する。その際，急激にスターラーを回して，飛び跳ねたスターラーバーで電極を破損しないように注意する。

⑥ この状態で調整用のアルカリあるいは酸性液を随時注意深く加えていき，調整を行う。急激なpH変化が電極の近くで起こらないように，調整用の液は，電極から離れたところから少しずつ入れる。
  ＊pHは直線的に変化しない。調整用の液を入れすぎて目的のpHを越してしまわないように注意する。
  ＊必要以上に薄い調整液を用いて液量が必要量を超してしまわないように注意する。
  ＊Tris緩衝液のように中和熱による温度変化も比較的大きく，温度依存的にpHが大きく変化するものでは，所定の温度になってからもう一度測定し，調整をやり直す。

⑦ 電極を引き上げ，純水ですすぐ。

⑧ ゴム栓をして，電極に乾燥防止のカバーをつける。

⑨ 電源を切る。

【pH メーター使用法：簡易型】

① pHメーターの電源を入れる。

② 電極の（乾燥防止のための）カバーを外し，純水で電極部をすすぐ。

③ 電極部に測定したい溶液を適量（数十μL～数百μL）入れる。
＊必ず，液絡部にも溶液が接しているようにする。

④ 測定値を読み取る。

⑤ 電極を純水ですすぐ。

⑥ 乾燥防止のためのカバーを装着する。

⑦ 電源を切る。

【pH メーター使用法：校正（簡易型を例に示す）】

① 電極を純水ですすぎ，pH測定の準備をする。

② pH＝6.86（20℃）の標準液を必要量，電極部に入れる。

③ pHメーターの「校正（Calibration；Cal）」スイッチを押し（あるいは長押し），pH＝6.86（20℃）の校正モードにする。
＊校正中の表示が点灯（あるいは点滅）するので，確認する。

④ 測定が始まり，校正がスタートするのでしばらく静置する。
＊校正中の表示が消えるまで。機種により数分かかる場合もある。

⑤ 電極を純水ですすぐ。

⑥ これから測定しようとする試料が酸性側ならpH＝4.01（20℃），アルカリ性側ならpH＝9.18（20℃）の標準液を必要量，電極部に入れる。

⑦ pHメーターの「Cal」スイッチを押し（あるいは長押し），pH＝4.01あるいはpH＝9.18の校正モードにする。
＊それぞれ校正中の表示が点灯（あるいは点滅）するので，確認する。

⑧ 測定が始まり，校正がスタートするので，しばらく静置する。
＊校正中の表示が消えるまで。機種により数分かかる場合もある。

⑨ 電極を純水ですすぐ。

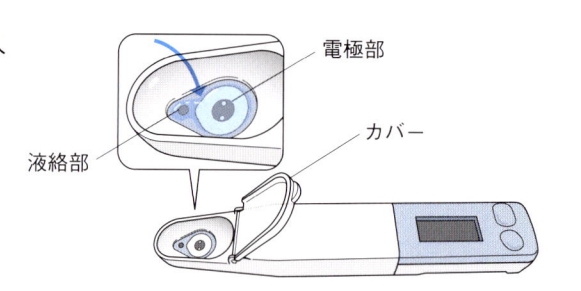

【pH試験紙の使用法】

　pH試験紙には，ブロームチモールブルー（B.T.B.；pH＝6.2〜7.8），チモールブルー（T.B.；pH＝1.4〜3.0およびpH＝8.0〜9.6）など様々な色素が用いられている。いくつかの試験紙を1つに合わせて測定域を広くしたものなどもある。形状はロール式あるいはブック式が主流で，どちらにしても必要な長さをちぎって使用する。

① 測定したいpHが計測できる試験紙を選ぶ。

② 5mmほどの断片にちぎり，ペーパータオルなどの上に置く。

③ 測定する溶液を2〜5μL取り，pH試験紙の上に垂らす。
　＊このとき，断片全体が濡れてしまうと正確に比色できない。断片の中でさっと吸収されて，一部が乾いた状態であることが必要。

④ 試験紙が乾かないうちに，すばやく比色表と見比べ，同じ色調のpHを読み取る。
　＊乾燥すると色調が変わってくる。また時間が経てばCO_2の溶け込みや酸化などの影響によりpHは変化するので，できるだけすばやく読み取る。

⑤ 試験紙片などをゴミ箱に捨てる。

⑥ 机などに試薬溶液が付着した場合などは，きれいに掃除しておく。

⑪ 分光光度計・濁度計

【分光光度計使用上の注意】

■ 使用目的に応じた分光光度計を用いる
- 試料が大量にある場合は，1〜2mL取り出して，セルに入れて計測する。
- 試料が貴重な場合には，マイクロセルやキャピラリーを用いて数μL〜数十μLで計測する。
- 試料の容量が少ない場合には試料を1μLだけ取り出し，水柱を形成させて計るナノドロップで計測する。
- 試料の種類が多くなる場合には，マルチウェルプレートを用いてプレートリーダーで計測する。
- 測定可能な波長領域，装備されたフィルターの波長特性など，測定環境が整っている機種であることを確認する。

■ セルの取り扱いに注意
- 計測光が入射する面（透明な面）を指で触ったり，傷つけたりしないように注意。
- セルの材質には，石英，ガラス，プラスチックがある。石英は紫外線を通すが，ガラスとプラスチックは紫外線を通さない。波長260nmや280nmの光で計測するときは石英のセルを使わなければならない（第4部-④参照）。

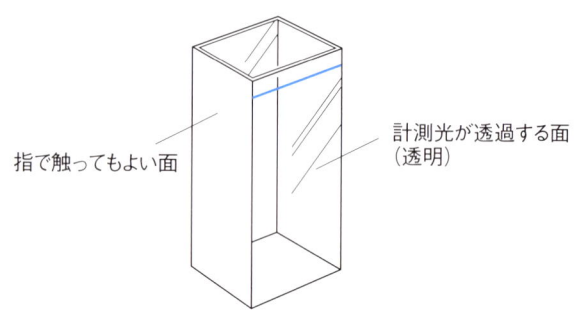

指で触ってもよい面　計測光が透過する面（透明）

【分光光度計の使い方】

① 電源を入れ，光源ランプを点灯する。
  * 光源ランプが安定するのに，10分程度待つほうがよい。

② 測定波長調節ダイアルを回して，測定波長をセットする。

③ セルに対照の溶媒を満たし，分光光度計の試料ホルダーにセットし，BLANKを計測し，ゼロ点補正を行う。
  * 純水をBLANKとし，対照試料の測定値を後から引き算することも可能。

④ セルを純水でよくすすぎ，キムワイプなどに逆さまに立ててよく水を切る。
  * セルの光路にある面を触らないように注意。

⑤ セルにサンプルを満たし，分光光度計の試料ホルダーにセットし，吸光度を測定する。

⑥ セル内のサンプルを捨て，純水でよくすすぎ，乾燥させて，傷がつかないように片付ける。

【簡易濁度計の使い方】

① BLANKとなる溶液（純水や，大腸菌の入っていない培地など）と測定する溶液を材質の同じ試験管に入れる。

② 濁度計の電源を入れる。

③ BLANKとなる溶液を測定し，その数値をメモする。

④ 測定する溶液を測定し，その値から③の数値を引き，溶液の濁度とする。

⑤ 濁度計の電源を切る。

⑫ プレートリーダー

96穴プレートなどのマルチウェルプレートの上から，あるいは下から光を当てる分光光度計である。

【プレートリーダー使用上の注意】
・光源ランプやフィルターセットなどを確認し，測定波長が使用できるか確認する。
・プレートのフタは，開けた状態で計測する。
・ウェル内の液面が乱れておらず，揃っていることを確認する。
・ウェル内の色調の違いなどを目視で確認しておき，プレートリーダーによる読み取りの異常がないかチェックする。

【プレートリーダーの使い方】
① 電源を入れる。

② メインメニューなどからプロトコルを選択するか，プロトコル編集メニューで測定波長などの設定を行う。設定項目は以下のようになる。
　・1波長か2波長か？
　・それぞれの測定波長は？
　・1サンプルに対して，何度測定するか？
　・測定値の比を取る，差を取るなどの前計算を行うか？
　・プレート内のサンプルの位置は？
　・プレート内のブランクの位置は？
　・測定前に撹拌作業を行うか？
　・測定値に対して検量線や濃度計算を行うか？
　＊プレート内でのサンプルなどの配置は，96穴すべて未知試料としておくと，すべての生データが取得できる。データを保存後，表計算ソフトでブランクの数値を引くなどの処理を各自で行う。

③ トレイにプレートを載せる。
　＊プレートのフタは外しておく。

④ プログラムをスタートさせる。

⑤ 表示された測定結果を確認する。
　＊プレート内も目視で確認し，発色の程度と読み取りの結果が一致していることを確認する。

⑥ 「File」キーなどを押し，データのエクスポートを選択し，データをフラッシュメモリなどにセーブする。

⑦ プレートを取り出してトレイを格納し，電源を切る。

⑬ PCR装置（サーマルサイクラー）

　　PCR（polymerase chain reaction）を行う装置。日本では，実験法でなく装置のことを指す場合でも，"装置"を省略して単にPCRと呼ぶことも多い。

【PCR装置 使用上の注意】
　　PCR装置の多くはペルチェ素子で冷却・加熱を行っている。ペルチェ素子は寿命が短いので不必要な保温や保冷は避ける。単なる保温は，ヒートブロックを用いる。PCRプログラムの最後に増幅産物を保存する「4℃キープ」のステップは「15℃キープ」にし，終了後はできるだけ早くサンプルを回収し，電源を切る。

【PCR装置の使い方】
① 電源を入れる。

② プログラムファイルを呼び出すか，新たにプログラムを打ち込む。
　＊プログラムの内容をしっかりと確認すること。

③ ブロックにチューブの向きを揃えて，整然と並べて差し込む。
　＊サンプルが少ない場合でも，ブロック全体にまんべんなく入れる。本数が極端に少ない場合は，ブロックの四隅に同じチューブをダミーとして立てる。これは，フタについているヒーター板が水平に均等に加熱できるようにするためである。

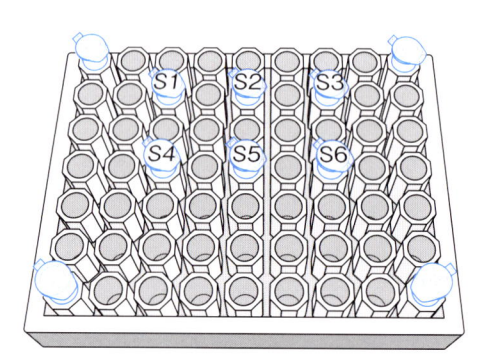

④ チューブをしっかりと押さえて，ブロックと密着させるとともに，チューブのフタをしっかりと閉める。

⑤ PCR装置のフタをしっかりと閉める。

⑥ PCRプログラムをスタートする。

⑦ プログラムが終了したら，サンプルを取り出し，4℃で保存する。

⑧ 電源を切る。

⑭ インキュベーター（ヒートブロック・ウォーターバス）

サンプルなどを一定の温度に保つことを目的にした装置で，その熱を伝える方法によりそれぞれの特徴があるので，その特徴を理解して使用する。

■ 気相インキュベーター
庫内の空気の温度を一定に保ち，その中の物体の温度を保つ。どのような形のものでも全体から熱を伝えることができるが，熱伝導性が悪く，短時間でサンプルの温度を変化させるのには不向き。全体から保温するため，結露などが起きないのが利点。長時間の保温に向いている。

■ 固相インキュベーター
ヒートブロックとも呼ぶ。アルミなどの，熱伝導性の高い材質のブロックを一定の温度に保ち，ブロックに開けた穴にチューブを差し込むことでチューブを一定温度に保つ装置。ブロックとチューブの密着性が性能を左右するので，チューブに合わせたブロックを使用する。使用法の詳細は後述。

■ 水相インキュベーター
恒温水槽，ウォーターバスとも呼ぶ。水を撹拌しながら一定温度に保ち，そこにチューブやビンを浸けて保温する。ヒートブロックのようなチューブとの隙間はできず，熱伝導性がよい。ただし，ウォーターバスの水によるコンタミが発生しやすいので注意。使用法の詳細は後述。

■ アイスバケット（氷箱）
酵素など失活しやすい試薬や分解されやすい試料などは，実験作業中0～4℃で保温する作業，いわゆる「on ice」が必要となる。その際，発泡スチロールなどの保温容器に氷を詰めて使用する。アイスバケットは，氷を利用でき簡便なのはよいが，氷の角の部分しかチューブに触れていないので，熱伝導性はよくない。短時間に冷やす必要があるときは，氷水にしておく。また，ウォーターバスのようにチューブが濡れてしまうので，取り出した後にペーパータオルなどで拭くなどの作業が必要になる。寒剤（第4部-③参照）を用いると0℃以下に冷やすことも可能であり，発熱の大きな超音波破砕などの際には便利である。

【ヒートブロック使用上の注意】
- 使用できる温度を確認する。加熱機能だけの機種は室温＋10℃～100℃まで。冷却機能のついた機種では，室温より低い温度も可能だが，高温側は60℃程度までにとどめたほうが装置への負担が少ない。
- ブロックの穴の形状は，用いるチューブにピッタリ密着するほうが熱の伝導性が高く好ましい。
- ブロックの穴とチューブの間の空間が問題となる場合は（できるだけ短時間で温度を変化させたいときなど），ウォーターバスを用いる。
- 高温で長時間処理する際は，フタ部分に結露し，反応液の濃度が変わってしまうので，ブロック上部を発泡スチロールで覆うなど，フタ部分も保温できる工夫を行う。
- 高温の際の火傷に注意。使用後，ブロックが冷めるまでの間も熱いことを忘れずに。
- 高温で加熱する際は，沸騰や内部の空気の膨張によりフタが飛ぶことがあるので，必ずキャップロックを用いる。

【ヒートブロックの使い方】

① 電源を入れる。

② プログラムファイルを呼び出すか，新たに設定温度を入力する。

③ プログラムをスタートさせる。

④ ブロックが必要な温度で安定していることを，機械の表示あるいは棒温度計などで計測して確認する。

⑤ チューブなどを入れて保温する。

⑥ 終了したら，プログラムをストップさせ，その後電源を切る。
　＊高温で使用後は，発泡スチロールの板を置くか，「高温注意」などの掲示を行い，他の実験者が火傷しない配慮をする。

【ウォーターバス使用上の注意】

・使用できる温度は100℃までであるが，あまり高温で使用すると水の蒸発も早く，火傷の危険性も高い。65℃程度までに留める。
・コンタミネーションの危険を減らすために，保温する容器のフタ部分に水が絶対かからない程度の水量に留める。多数の容器を保温する可能性がある場合は，その分水位が上がることも考慮する。
・恒温水槽の水は毎日交換する。交換頻度が低い場合は，殺菌剤などを入れておく。
・フタ部分の結露は防止しにくいので，室温以上の長時間処理は避ける。
・試験管立て，遠心管立て，チューブフロートなどを用意し，保温する容器が転倒しないようにする。
・水位には常に注意を払う。空だきをしないことはもちろん，水位が下がると温度コントロールができなくなることが多いので，規定の範囲の水位を保つこと。

【ウォーターバスの使い方】

① 水槽に適正な量の水道水を入れる。

② 電源を入れる。

③ 必要な温度を設定し，恒温水槽全体の温度が必要な温度で安定したことを機械の表示あるいは棒温度計などで計測し確認する。

④ チューブなどを入れて保温する。

⑤ 保温終了後，チューブなどを取り出した後に容器の外側をペーパータオルなどで拭く。
　＊無菌操作などに供する場合は，さらに70％エタノールをスプレーし，きれいなペーパータオルで拭き，よく乾かす。

⑥ 使用後，電源を切る。

⑦ 水を捨てる。
　＊ホースとバケツなどを使い，サイフォンの原理を利用すれば比較的簡単に水を捨てられる。

⑮ 遠心機

【ローターについて】
- 一般的なローターには，遠心管を斜めに保持するアングルローターと，重力と遠心力の合力が常に遠心管の長軸方向にかかるスウィングアウトローターとがある。その他，プレートを保持するローターなど用途に応じていろいろなものがある。
- ローターごとに，最高回転数が決められているので，その範囲内で使用する。
- わずかな傷や腐食，ひずみが重大な事故に結び付く可能性があるので，丁寧に慎重に取り扱う。
- 保護管やバケットは所定の位置にすべてつけて運転する。

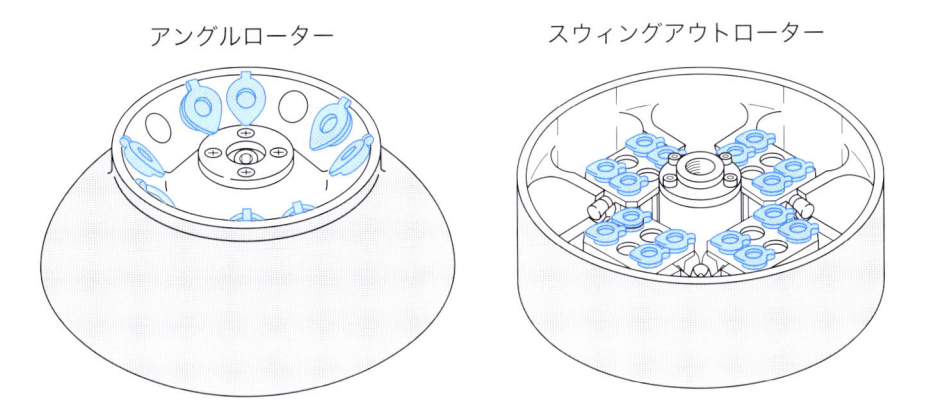

アングルローター　　　　　スウィングアウトローター

【ローターの取り扱い方】
- ローター使用後は本体から取り外し，水洗いしてペーパータオルの上に逆さまにして干しておく。乾燥したらホコリのかぶらないキャビネットへしまう。

【遠心力と回転数】
遠心力は回転の速度が上がるほど大きくなり，同じ回転速度なら回転半径が大きいほど大きい。その関係は，下の式で表される。

$$\text{RCF (relative centrifugal force)} = 11.18 \times (N/1000)^2 \times r$$

RCFが遠心力を表し，その単位は重力加速度；gである。つまり，地上で我々がさらされている1gの何倍の力がかかるかという表し方である。Nは回転速度で回転数（revolutions per minute；rpm）で表す。rは回転半径で，単位はcm。この式は数値を当てはめていちいち計算するには繁雑な式なので，普通は以下に説明するノモグラフを用いて求める。

【ノモグラフの使い方】
あるローターを用いてある回転数で回したときの遠心力を求めたり，あるローターを用いてある遠心力を得るにはいくらの回転数で回せばよいかを知るために使用する。
① 使用するローターの回転半径を求める。
＊回転半径は，回転軸の中心から試料までの距離である。通常は，沈殿を集める遠心管の底までの距離。分層させた境界に必要なものを集めるようなときは，その分層が起こる所までの距離。

② ローターの回転半径をグラフの軸の上にプロットする。

③ 設定しようとする回転数，あるいは必要な遠心力をそれぞれの軸の上にプロットする。

④ ②と③でプロットした2点を通る直線を引き，求める遠心力，あるいは回転数を示す軸との交点の数値を読み取る。

＊それぞれの軸の左右に桁の異なる数値が記されているが，右側同士，左側同士の数値を対応させる。

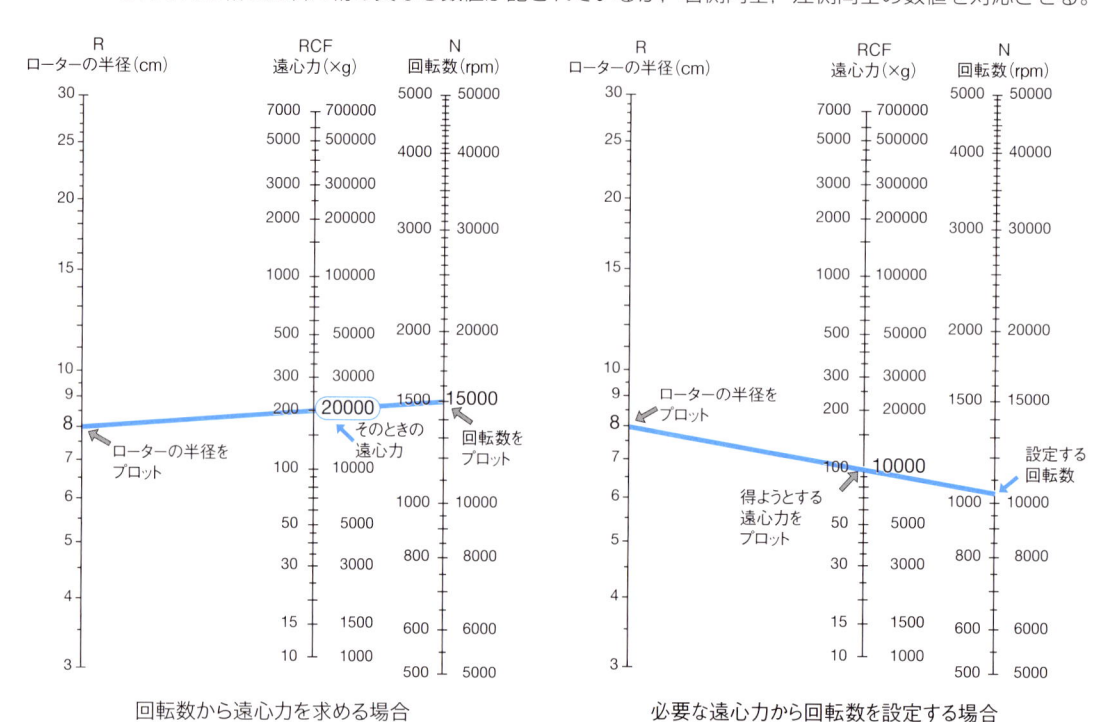

回転数から遠心力を求める場合　　　必要な遠心力から回転数を設定する場合

【ローター内のバランスについて】

回転中の回転軸にかかる遠心力の合力がゼロになるように，サンプルの重心の位置およびその重さが回転対称になるように配置する。
・同じチューブで，同じ比重のサンプルを同じ量だけ入れたものを用意。
・偶数本用意し，2本ずつを向かい合わせに配置する。
・チューブが奇数本の場合，サンプルが水溶液であれば，バランスとして同じチューブに水を同量入れたものを用意する。
・ローターの穴が円周上に多数空いていて，正多角形を構成するような配置が可能な場合は，奇数本でかけることも可能（例えば，12個穴が開いているところに，正三角形になるように3本を入れる）。
・バケット式のローターの場合，バケット内でもバランスを取ることが望ましい。

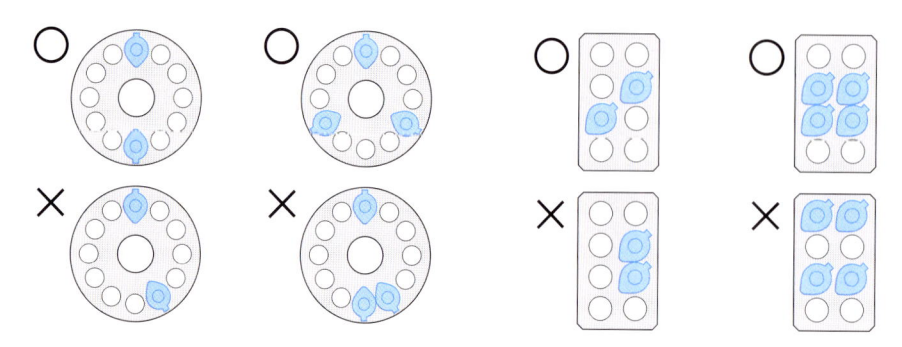

【遠心機の使い方】

① 同じサンプルをバランスのとれる本数用意する。サンプルがなければ，バランス用のチューブを用意する。

② 電源を入れる。冷却の必要があれば冷却温度を設定し，冷えるまで待つ。

③ 本体のフタを開けるスイッチを押してフタを開ける。

④ バランスを考えて，チューブをローターに挿入し，本体のフタを閉める。

⑤ 回転数，遠心時間を設定する。

⑥ 遠心を開始する。

⑦ 遠心終了後，本体のフタを開けるスイッチを押してフタを開け，サンプルをそっと取り出す。

⑧ 通常はフタを閉めて，電源を切る。

⑨ 冷却により結露がある場合は，フタを開けたまま電源を切り，内部を乾燥させる。

【遠心分離について】

遠心機は別名遠心分離機ともいわれるように，いろいろな物質の混合溶液を大きな重力場に置き，一定時間後に沈んだものと，まだ浮遊しているものとに分離するために使われる（詳細は第4章-⑥参照）。こうして沈んだものをペレット，沈殿，ppt（precipitate）と言い，沈まなかった部分を上清，sup（supernatant）という。また，水と油のように比重の違う混ざり合わない液体は，遠心後にはそれぞれの層に分かれる，これを分層といい，遠心管の上から上層，中間層，下層などと呼ばれる。

【卓上遠心機について】

パーソナルユースの回転数が固定された簡易的な遠心機であり，フタの開閉が回転のスイッチとなっている。その初期の商品名から「チビタン」と呼ばれることが多い。

【卓上遠心機の使い方】

① 電源スイッチがあればONにする。

② 卓上遠心機のフタを開け，バランスを考えてチューブをローターにセットする。

③ フタを閉め，遠心をスタートさせる。

④ 必要な時間遠心を行い，フタのロックを外すことで，遠心を終了する。

⑤ ローターの回転が止まったことを確認後，フタを開け，チューブをそっと取り出す。

⑯ ボルテックスミキサー（チューブミキサー）

チューブ内の試料や試薬を分散させたり混合するためのミキサーである。通常は，手に持ったチューブを，ボルテックスミキサー上部にある回転部分に押し当てて，その回転運動でチューブ内の液を回転させて混合する。

【ボルテックスミキサー使用上の注意】

- スイッチは，「on」「off」「touch」となっている機種が多い。「touch」は，チューブを押し当てることで回転し，離すと止まる。通常は「touch」にしておくとよい。
- 回転の強度を調節できるようになっている機種が多い。通常は最大の目盛でよい。
- 強く回転させても安定しているように，本体は重たく，脚の部分はゴムなどで滑りにくくなっている。ボルテックスを移動させるときには，両手でしっかり持ち上げて移動させること。実験台上を滑らせて移動させようとすると，脚のゴムが取れてしまい，安定した回転ができなくなってしまう。

【ボルテックスミキサーの使用法】

① スイッチが「touch」になっているか，強度が最強になっているか確認する。

② エッペンチューブの場合はフタの部分，試験管や15mLファルコンの場合は，下から8分目のあたりを親指と人差し指，中指で挟むように持ち，ボルテックスミキサー上部のゴム部分に押し当てる。
　＊試験管などの場合，指で挟んだ部分が回転の支点となり，その付近まで液が舞い上がってくる。

③ 液体の混合だけなら2～3秒程度。ペレットの分散の場合は，数秒間を何度も繰り返す。
　＊大腸菌のペレットなどはほぐれにくい。長時間回転させ続けても，液体が回転するだけなのでほぐす効果は薄い。短時間の回転を繰り返すほうが効果的である。
　＊長時間ボルテックスミキサーのチューブを押さえていると指先にしびれを感じることがある。あまり長時間の使用は避ける。

④ 内部をよく見ながら，目的を達したら終了する。

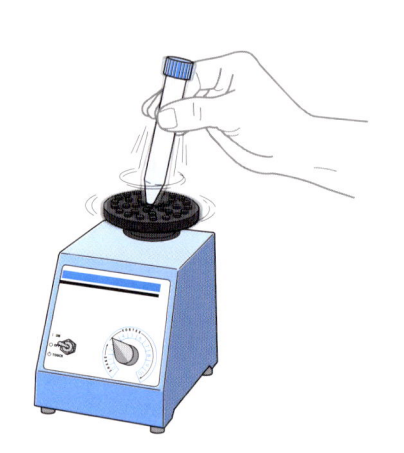

17 エレクトロポレーション装置（電気穿孔装置）

細胞や大腸菌の懸濁液に高電圧のパルスをかけることで，細胞膜にごく短時間の穿孔を行い，その間に周囲の液中にあるDNAを細胞内に取り込ませる装置である。エレクトロポレーション（electroporation；電気穿孔法）を略してエレポとも呼ぶ。

【キュベットについて】
- キュベットは，チューブの底部が一定の距離に保たれた電極になっている。
- 電極表面は手で触らないこと。電極表面の汚れは電気抵抗となり，設定通りの電圧パルスを得ることができなくなる。
- 電極間は，1～4mm程度と狭い。
- 基本的に，使い捨てである。

【エレポ装置の使用上の注意】
- エレポの際，電流が流れすぎると細胞が死んでしまったり，溶液温度が上がったり，ショートと同じように火花が出たりする。電流の流れやすさは，溶液の抵抗値と電極間に溶液が作る導線の形状に大きく左右される。
- 細胞懸濁液を作製する際には，イオンが混入したり，細胞が破砕されて内容物が漏出したりしないようにする。
- キュベットに細胞懸濁液を入れる際には，液を底部に均一に広げる。途中で液がひっかかっていたり，気泡が入ってしまってはいけない。
- 高電圧がかかるため，感電に注意。濡れた手で装置を触ったりしない。
- ショートを起こした際には，懸濁液が飛び散る可能性がある。キュベットのフタや装置のフタはしっかりと閉めて実験を行う。

【エレポ装置の使い方】
① キュベットを氷上で冷やす。

② 電源を入れる。

③ 「Capacitance」およびパルス電圧を設定する。
　一般的な大腸菌の場合　　Capacitance：　25μF，電圧：2.5kV，電極間隙：2mm
　一般的な細胞の場合　　　Capacitance：960μF，電圧：1.0kV，電極間隙：4mm

④ 細胞懸濁液をチップで取り，キュベットの奥の一方の端に先端を当て，ゆっくりと懸濁液を流し込む。

⑤ キュベットをタッピングするなど，懸濁液をキュベット底部に水平に広げる。

⑥ 結露している電極部をキムワイプで拭き，乾燥させる。

⑦ 装置にキュベットをセットし，フタを閉める。
　＊装置の電極がキュベットの電極に接するように，キュベットの向きを正しくセットする。キュベットの一方に突起部があり，正しい向きにしかセットできなくなっている。

⑧ パルス発生のスイッチを押す。

⑨ 放電後，キュベットを取り出し，懸濁液をチップで取り出す。

⑱ ゲル撮影装置

　　電気泳動後のゲルにUV，青色光，白色光などを照射し，それぞれ蛍光色素，蛍光タンパク質，染色色素の様子を撮影する装置。照射装置部分とカメラ部分からなる。

【ゲル撮影装置使用上の注意】
- 泳動後のゲルを濡れたまま撮影するのが一般的である。泳動バッファーや染色液などで装置を汚さないように注意する。
- カメラ部分は，デジタル記録が一般的になっている。PCのハードディスクの空き容量を確保するため，各自のデータはできるだけ早くフラッシュメモリなどに移動させ，PCからは消去すること。
- 照射装置の電源とカメラの電源が別になっている場合も多い。使用後，両方の電源が切れていることを確認する。

【ゲル撮影装置の使用法】
① ゲルをラップで包み，染色液などが漏れ出ないか確認する。

② カメラ部と照射部の電源を入れる。
　　＊UV以外の場合は，ここで照射を開始し，必要なバンドなどを確認しながら行う。UVの場合は，他の光源で見えるものを指標に，以下の調節を行う。

③ 照射部にゲルを置き，気泡やゴミ，ラップのシワなどを目立たないように処理する。

④ カメラのピント，ズームを調節する。

⑤ 撮影装置のフタを閉め，余分な光が入らないようにする。
　　＊UVの場合はここで点灯する。

⑥ 必要なバンドなどを確認しながら露出時間，絞りを調節する。

⑦ 撮影し，照射を終了する。

⑧ ゲルを片付け，照射装置などの汚れを確認し，汚れている場合は掃除する。
　　＊純水で湿らせたペーパータオルで，染色液を拭き取り，乾いたペーパータオルでさらに拭き取る。

⑨ PCなどに保存されたデータを，フラッシュメモリに移す。

⑩ カメラ部と照射部の電源を切る。

⑲ クリーンベンチ・安全キャビネット・ドラフトチャンバー

どれも，ガラスなどで四方を囲い，空気の流れを調節した実験台であるが，それぞれ異なる目的で使用され，異なる気流を作っているので，構造を理解して使用すること。

■ クリーンベンチ

内部で無菌操作を行うため，周囲の空気中に浮遊するホコリや細菌などをベンチ内に入れないように，上面あるいは奥面からHEPAフィルターを通過した清浄な空気を吹き出し，クリーンベンチの外に向かう気流を作っている。

●一般的なクリーンベンチ

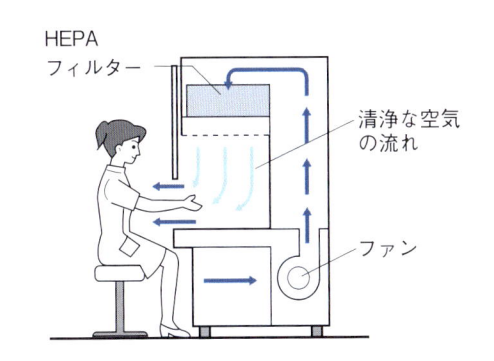

■ 安全キャビネット

クリーンベンチと同様の目的のベンチであるが，さらに，内部の遺伝子組換え体などが外に出ないように，キャビネット前面には上から下へのエアカーテンが作られるようになっている。エアカーテンの気流は，ベンチトップのパンチングボードからベンチ下方へ吸い込まれ，HEPAフィルターを通した上で室内に放出される。

●安全キャビネット

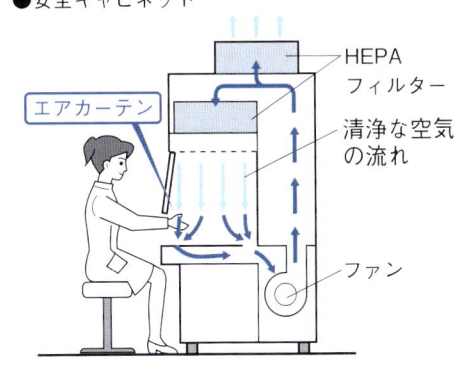

■ ドラフトチャンバー

試薬や反応産物の有害なエアロゾルから実験者を守るためのベンチで，室内から空気を吸い込み，ダクトを通して屋外へ排気する。排気までの間に，有害物質を吸着させたり，中和させたりして処理する装置（スクラバー）のついている場合もある。

●ドラフトチャンバー

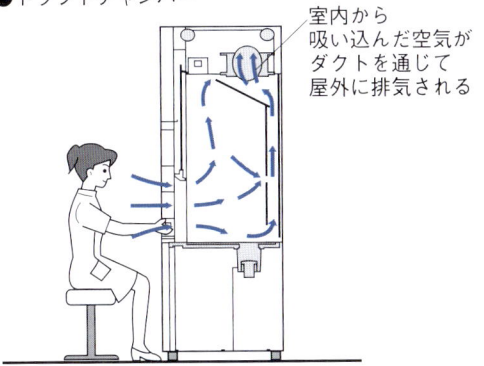

第2部 装置・器具の使い方

【クリーンベンチ，安全キャビネットの使い方】

① ガスの元栓，アスピレーターの準備など，ベンチ外の物に触る作業をすべて済ませておく。

② 紫外線ランプのスイッチをOFFにし，蛍光灯のスイッチをONにする。

③ ブロワーのスイッチをONにし，前面のガラスを最小限に開ける。

④ 手をヒジまで洗い，70％エタノールで消毒し，乾かしておく。

⑤ 70％エタノールでベンチトップを拭く。

⑥ ガスバーナーのガスコックを開け，種火が必要な場合には種火を点ける。

⑦ アスピレーターのチューブに70％エタノールを噴霧し，消毒してからベンチ内へ入れる。

⑧ ピペット，ニップル，チューブなど，作業に必要な器具を出しておく。

⑨ 培養液など，作業に必要な試薬などを中に持ち込む。

⑩ 最後に細胞を中に持ち込み，無菌操作を行う。
　＊前面ガラスは，使用中もできるだけ下げておく。

【クリーンベンチ使用中のトラブルへの処置】

順調に作業が進めば，通常の無菌操作を続ければよいが，培地をこぼした場合には，その都度対処する必要がある。
・細胞の入ったシャーレなどの必要な容器の外側を，脱脂綿に70％エタノールを含ませて拭き取る。
・きれいになり，70％エタノールの乾いた容器をベンチ内の乾いた所によけておく。
・シャーレのフタやマルチウェルプレートのウェルの隙間など，脱脂綿で拭けない汚れた部分は，アスピレーターにイエローチップをつけて，無菌的に吸引を行い，乾かす。
・ベンチトップにこぼれた培地を処理する。こぼれた液体が多い場合は，乾いたキムワイプなどでまず吸い取り，次に純水を含ませたキムワイプなどで乾きかけた培地などを拭き取る。その後，70％エタノールを含ませた脱脂綿などで拭き，乾かす。
　＊培地に含まれる塩類やタンパク質成分は，70％エタノールに溶けにくい。そのまま70％エタノールで拭き始めても，ベンチ表面に培地を塗り広げるだけになり，乾いた後に跡が残る。自分の行った処置の結果を必ず自分で評価しよう。

【クリーンベンチ使用後の片付け】

・使ったガラスピペットやチューブなど，不要なものをすべてベンチの外に出す。
・ガスバーナーの種火を消し，ガスコックを閉じる。
・70％エタノールを含ませた脱脂綿などでベンチトップ全体を拭き，乾かす。
・アスピレーターのチューブ内部に70％エタノールを十分に流し，培地などを洗い流した後スイッチをOFFにする。
・クリーンベンチの前面ガラスを閉め，ブロワーのスイッチをOFFにする。
・蛍光灯のスイッチをOFFにし，ガスの元栓を閉じ，紫外線ランプのスイッチをONにする。

【ドラフトチャンバーの使い方】

　反応過程で生じる生成物や副産物が危険な場合はその反応過程を，試薬そのものも有害な場合はその計量も，ドラフト内で行う必要がある。

① 　ガスの元栓を開け，チャンバー前面のガラス扉を上げて試薬やガラス器具などを持ち込む。
　　＊安全のため，白衣，手袋，マスクを着用する。

② 　前面ガラス扉を規定の位置以下に下げる。
　　＊風量の確保および試薬の飛散から顔面などを守るため，使用時はできるだけ前面ガラス扉を下げる。

③ 　ドラフトの電源をONにし，蛍光灯のスイッチをONにし，風量を調節する。

④ 　試薬の秤量など，実験を開始する。

⑤ 　実験が終了し，試薬や反応産物が安全な状態になったら，ドラフトから取り出し，蛍光灯のスイッチをOFFにし，電源をOFFにする。ガスの元栓も閉める。

■ **安全な状態とは**
　・飛散しやすい微細粉末の有害試薬，有機溶媒など蒸散しやすい有害試薬が密栓されていること。
　・有害な試薬の濃度が十分に薄まっていること。
　・有害な物質の発生が止まっていること。

20 実験器具によく使用されるプラスチック

実験器具によく使用されるプラスチックには，以下のようなものがある。
1. ポリエチレン（polyethylene；PE）
   さらに，高密度ポリエチレン（high-density polyethylene；HDPE）と低密度ポリエチレン（low-density polyethylene；LDPE）の区別もある。
2. ポリプロピレン（polypropylene；PP）
3. ポリスチレン（polystyrene；PS）
4. ポリカーボネート（polycarbonate；PC）
5. アクリル樹脂
   ポリメチルメタクリレート（polymethyl methacrylate；PMMA）が代表的である。
6. テフロン樹脂
   ポリテトラフルオロエチレン（polytetrafluoroethylene；PTFE）の商標名だが，最も汎用されているため，フッ素樹脂の通称名的に使用した。フッ素樹脂にはこの他にいくつもの種類がある。
7. ポリエチレンテレフタレート（polyethylene terephthalate；PET）
   非常に高純度な樹脂なので金属成分などは検出されないが，薬剤耐性に若干劣る。
8. ポリ塩化ビニル（polyvinyl chloride；PVC）
   ビニル袋，塩ビパイプの材料として有名。

【実験器具によく使用されるプラスチックの物理的特性】

下表に主なプラスチックの特性をまとめた。これらの特徴は，それぞれのプラスチックの内の，代表的なものの一般的数値である。あくまで目安と考え，滅菌方法や使用条件を検討する際の参考にしてほしい。

	透明性	比重	耐熱性（℃）	オートクレーブ滅菌	乾熱滅菌	耐寒性（℃）	凍結
ポリエチレン（低密度）	半透明	0.92	80	不可	不可	-80	可
ポリエチレン（高密度）	半透明	0.95	110	不可	不可	-80	可
ポリプロピレン	半透明	0.9	135	可	不可	0	可[*2]
ポリスチレン	透明	1.05	90	不可	不可	20	不可
ポリカーボネート	透明	1.2	135	可[*1]	不可	-130	可
アクリル樹脂	透明	1.19	80	不可	不可	-40	可
テフロン樹脂	半透明	2.15	200	可	可	-20	可

*1 繰り返すと強度が劣化する。
*2 0℃以下で脆化が始まり，凍結状態で落としたりすると割れることがある。

	日光の影響	耐酸性		耐アルカリ性		耐有機溶剤性
		弱酸	強酸	弱アルカリ	強アルカリ	
ポリエチレン（低密度）	×	△	×	△	△	△（60℃以下）
ポリエチレン（高密度）	×	○	×	○	○	△（80℃以下）
ポリプロピレン	×	○	×	○	△	△（80℃以下）
ポリスチレン	×	○	×	○	○	×
ポリカーボネート	×	○	×	△	×	×
アクリル樹脂	△	△	×	△	×	×
テフロン樹脂	△	○	○	○	○	○（60℃以下）

○：長期間の使用も可能，△：長期間の使用で変化があり，使用する際には慎重な検討が必要，×：連続使用不可。

【主なプラスチックの薬剤耐性】

酸

	ポリエチレン	ポリプロピレン	ポリカーボネート	ポリスチレン	アクリル樹脂	テフロン樹脂
硝酸(10%)	○	○	○	△	×	○
硝酸(10%, 70℃)	△	△	△	×	×	○
硝酸(50%)	△	×	×	×	×	○
硫酸(10%)	○	○	○	○	○	○
硫酸(30%)	○	○	○	△	○	○
硫酸(30%, 70℃)	△	△	△	△	×	○
硫酸(98%)	×	×	×	×	×	○
塩酸(10%)	○	○	○	○	△	○
塩酸(20%)	○	○	△	○	△	○
塩酸(20%, 80℃)	○	○	×	○	×	○
塩酸(38%)	○	○	×	△	△	○
リン酸(50%)	○	○	○	△	△	○
リン酸(50%, 70℃)	○	○	△	△	△	○
リン酸(75%)	○	○	○	△	△	○
クロム酸(10%)	○	○	△	○	△	○
クロム酸(10%, 70℃)	×	×	×	×	△	○
クロム酸(50%)	○	△	×	×	×	○
酢酸(10%)	○	○	○	○	△	○
酢酸(50%)	○	○	○	△	×	○
酢酸(50%, 70℃)	△	△	△	△	×	○
氷酢酸	×	△	×	×	×	○
無水酢酸	△	△	×	×	×	○
ホウ酸	○	○	○	○	○	○
乳酸	○	○	○	△	△	○
酪酸	×	×	×	×	×	○
クエン酸	○	○	○	○	△	○
マレイン酸	○	○	○	○	△	○
ピクリン酸	×	×	×	△	×	○
トリクロロ酢酸	×	×	×	×	−	○

アルカリ

	ポリエチレン	ポリプロピレン	ポリカーボネート	ポリスチレン	アクリル樹脂	テフロン樹脂
アンモニア水(28%)	○	○	×	△	○	○
水酸化ナトリウム(10%)	○	○	×	○	△	○
水酸化ナトリウム(30%)	○	○	×	○	×	○
水酸化ナトリウム(30%, 70℃)	△	○	×	○	×	×
水酸化カリウム	○	○	×	△	×	○
水酸化カルシウム	○	○	×	△	○	○
水酸化マグネシウム	○	○	○	○	○	○
炭酸ナトリウム	○	○	△	○	○	○

第2部 装置・器具の使い方

有機化合物

	ポリエチレン	ポリプロピレン	ポリカーボネート	ポリスチレン	アクリル樹脂	テフロン樹脂
クロロホルム	×	×	×	×	×	○
ヘキサン	×	△	×	×	×	○
ヘプタン	×	×	○	×	×	○
メチルアルコール	○	○	×	○	×	○
エチルアルコール	○	○	○	△	×	○
ブチルアルコール	○	○	△	△	×	○
プロピルアルコール	○	○	○	○	×	○
ジエチルグリコール	○	○	△	△	−	○
グリセリン	○	○	○	○	○	○
ポリエチレングリコール	○	○	○	○	−	○
エタノールアミン	△	△	×	−	−	○
ベンジルアルコール	×	×	×	×	×	○
イソプロピルエーテル	×	×	×	×	×	○
ジエチルエーテル	×	×	×	×	×	○
ホルムアルデヒド	○	○	○	×	△	○
グルタールアルデヒド	○	○	○	○	○	○
アセトン	○	○	×	×	×	○
ジメチルホルムアミド	○	○	×	×	×	○
尿素	○	○	×	○	−	○
酢酸メチル	×	×	×	×	×	○
酢酸エチル	○	○	×	×	−	○
アセトニトリル	○	△	×	×	−	○
キシレン	△	×	×	×	×	○
トルエン	×	×	×	×	×	○
クレゾール	×	△	×	×	×	○
フェノール	△	○	×	×	×	○
サリチル酸	○	○	○	○	○	○
安息香酸ベンジル	×	×	×	×	×	○
ジクロロベンゼン	×	×	×	×	×	○
フルオロベンゼン	×	×	×	×	×	○
ベンゼン	×	×	×	×	×	○

無機塩類溶液

	ポリエチレン	ポリプロピレン	ポリカーボネート	ポリスチレン	アクリル樹脂	テフロン樹脂
塩化アンモニウム	○	○	○	△	○	○
塩化カリウム	○	○	○	○	○	○
塩化カルシウム	○	○	○	○	○	○
塩化マグネシウム	○	○	○	○	○	○
塩化ナトリウム	○	○	○	○	○	○
重炭酸ナトリウム	○	○	○	○	○	○
硫酸マグネシウム	○	○	○	○	○	○

	ポリエチレン	ポリプロピレン	ポリカーボネート	ポリスチレン	アクリル樹脂	テフロン樹脂
酢酸アンモニウム	○	○	○	△	○	○
酢酸ナトリウム	○	○	○	△	−	○
リン酸ナトリウム	○	○	○	○	○	○
ミョウバン	○	○	○	○	○	○
硝酸銀	○	○	○	△	△	○
過酸化水素	○	○	○	○	−	○
過硫酸アンモニウム	○	○	○	△	−	○
次亜塩素酸ナトリウム	○	○	△	○	△	○
チオ硫酸ナトリウム	○	○	○	○	○	○

その他

	ポリエチレン	ポリプロピレン	ポリカーボネート	ポリスチレン	アクリル樹脂	テフロン樹脂
ガソリン	△	△	×	×	×	○
ケロシン	×	×	○	×	×	○
潤滑油	×	△	○	×	△	○
シリコンオイル	△	△	×	×	×	○
ミネラルオイル	△	○	○	○	△	○
綿実油	△	△	○	△	△	○
トリス緩衝液	○	○	△	△	−	○
せっけん水	○	○	○	○	○	○

○：長期間の使用も可能，△：長期間の使用で変化があり，使用する際には慎重な検討が必要，×：連続使用不可。

・濃度の書いていないものは100％あるいは飽和溶液。温度の書いていないものは室温（20℃）。
・これらの表示はあくまでも目安である。実際の検討にあたっては，それぞれの製品の耐薬データの詳細をメーカーに問い合わせるか，試験片などによる実用試験によって確認してほしい。
・ポリエチレンは低密度，高密度共通として表示したが，実際には耐性が異なる場合もある。

実験の基本と原理

第3部 試薬などのレシピ

第3部では，分子生物学実験でよく用いる試薬溶液の作り方とレシピを示す。試薬の中には結晶水の有無などで分子量が異なるものがあり，いくつか併記した場合もあるが，記載できなかったものもあるので，その都度試薬ビンの表示を確認されたい。掲載する試薬には，複数種の試薬を混合して調製するものが多く，最終的にでき上がる溶液中に含まれる各試薬の濃度を最終濃度として表している。溶液調製の際には，各試薬のストックソリューション（あらかじめ作っておいた高濃度の溶液）を混合・希釈して目的の最終濃度に調整する。各試薬の濃度表記については第4部 - ①「濃度の単位」を，構造式の見方については p101 のコラムを参照してほしい。また，③「緩衝溶液」以外の各セクション内の試薬は，英語表記のアルファベット順に掲載している。

① 水について

実験に使用する水は，本来水分子だけからなる理論純水であることが望まれる。しかし，実際には水道水を原水とし，以下に示す様々な精製方法を組み合わせて，できるだけ不純物を取り除いて遺伝子組換えなどの分子生物学実験で使用する。本シリーズの実験において適切な水は**超純水**（比抵抗値10〜MΩ・cm）と**純水**（比抵抗値1〜10MΩ・cm）の2種類で，超純水のほうが純度が高い。実験に必要な純度を考慮に入れて，適切なグレードの水を使い分けるようにする。なお，純水をオートクレーブ滅菌（121℃で20分間）した**滅菌水**を用いる場合もある。

① イオン交換法

H^+を結合した強酸性樹脂とOH^-を結合した強塩基性樹脂により，原水中に溶けているイオン化化合物を吸着除去する方法で，理論純水（比抵抗値18.3MΩ・cm）に近い比抵抗の水を得ることができる。しかし，イオン化しない有機物，微生物，微粒子などは除去できない。使用頻度が少ない場合，樹脂が微生物の温床になりやすいなどの欠点もある。

② 蒸留法

沸点の違いに基づく精製法であり，原理的には微生物や微粒子などを含め，あらゆる不純物を除去できる。しかし，水の沸点に近い沸点を持つ化合物の除去が難しいことや，沸騰の際の飛沫が混入するなどの欠点もある。蒸留温度を100℃に保つようにし（初留と後留を捨て，本留のみを受ける），2〜3回蒸留を繰り返すことで，十分に純度の高い水が得られる。

③ 逆浸透（RO）法

半透膜に浸透圧以上の圧力を逆向きにかけ，水分子のみを通すことによって水の精製を行う。半透膜は一般に，数Å〜数十nmの微細孔を持っており，原水中のイオンや有機物の90%以上，粒子，パイロジェン，バクテリア，細菌の99%以上を除去できる。しかし，逆浸透法処理だけでは十分な比抵抗値は得られず，他の精製法の前処理として用いられることが多い。

④ 活性炭吸着法

遊離塩素，鉄分，フェノール，有機物，色素，臭気，油脂などを吸着除去する。特に，脱塩素能力は高く，水道水の残留塩素除去に有効である。しかし，カリウム，カルシウム，マグネシウム，リン酸などは除去しないので，イオン交換樹脂の前処理として用いられることが多い。

⑤ 限外ろ過法

孔の大きさが1〜10nmの薄膜フィルターを用いてろ過する精製法である。孔径が微細なため，タンパク質，微粒子，微生物，パイロジェンなど，比較的分子量の大きい物質の除去に用いられる。

❷ 基本となる試薬溶液

【酢酸水溶液　acetic acid (aq.)】

- 調製試薬　3M 酢酸水溶液　50mL

■ 使用試薬

酢酸　CH_3COOH　M.W. ＝ 60.05　危険物指定

❶ 40mLの純水を撹拌しながら，酢酸8.59mLを加える。

❷ 溶液が発熱するため，室温まで冷ました後，純水で50mLにメスアップする。

■ 特性

酢酸は刺激臭がある。原液は17.5M。

■ 注意

酢酸はドラフト内で取り扱う。

■ 保存

ガラスビンに入れて密栓し，室温で保存する。

酢酸

【酢酸アンモニウム水溶液　ammonium acetate (aq.)】

- 調製試薬　7.5M 酢酸アンモニウム水溶液　50mL

■ 使用試薬

酢酸アンモニウム　CH_3COONH_4　F.W. ＝ 77.08

❶ 酢酸アンモニウム28.9gを25mLの純水に溶解する。

❷ 純水で50mLにメスアップする。

❸ ろ過滅菌する。

■ 保存

4℃あるいは−20℃で保存する。

酢酸アンモニウム

【塩化カルシウム水溶液　calcium chloride (aq.)】

- 調製試薬　1M 塩化カルシウム水溶液　50mL

■ 使用試薬

塩化カルシウム二水和物　$CaCl_2 \cdot 2H_2O$　F.W. ＝ 147.0

塩化カルシウム無水物　$CaCl_2$　F.W. ＝ 111.0

❶ 塩化カルシウム二水和物7.35g（無水物であれば5.55g）を40mLの純水に溶解する。

❷ 純水で50mLにメスアップする。

❸ オートクレーブ滅菌する。

■ 保存

室温あるいは4℃で保存する。

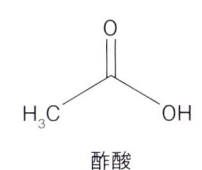

【EDTA（エチレンジアミン四酢酸）水溶液　ethylenediaminetetraacetic acid (aq.)】

- 調製試薬　0.5M EDTA水溶液（pH＝8.0）　50mL
- ■ 使用試薬

  エチレンジアミン四酢酸二ナトリウム二水和物（EDTA 2Na・2H₂O）
  $C_{10}H_{14}N_2O_8Na_2 \cdot 2H_2O$　F.W.＝372.2
  水酸化ナトリウム　NaOH　F.W.＝40.00　劇物指定
  5M 水酸化ナトリウム水溶液

  ❶ EDTA 2Na・2H₂O 9.31gを40mLの純水に加える。
  ❷ 水酸化ナトリウム（約1g）を徐々に加え，完全に溶解する。
  ❸ 5M 水酸化ナトリウム水溶液を加えてpHを8.0に調整する。
  ❹ 純水で50mLにメスアップする。
  ❺ オートクレーブ滅菌する。

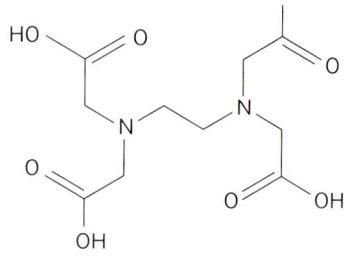

- ■ 特性

  EDTAは各種二価金属と1：1の錯塩をつくる。EDTA水溶液はpH＝7.0〜8.0で使用。各種バッファーに添加して，重金属による影響を抑えたり，酵素を不活化させたりする。多くの場合，0.1〜1mMの濃度で使用される。

- ■ 保存

  室温あるいは4℃で保存する。

【塩酸水溶液　hydrochloric acid (aq.)】

- 調製試薬　6M 塩酸水溶液　50mL
- ■ 使用試薬

  濃塩酸　HCl　M.W.＝36.46　劇物指定

  ❶ 15mLの純水を撹拌しながら，濃塩酸25mLを少しずつ加える。
  ❷ 溶液が発熱するため，室温まで冷ました後，純水で50mLにメスアップする。

- ■ 特性

  濃塩酸は塩化水素が35〜37％溶けた水溶液で，濃度を12Mとみなす。強酸で腐食性がある。

- ■ 注意

  濃塩酸に直接純水を加えてはいけない。
  濃塩酸はドラフト内で取り扱う。

- ■ 保存

  ガラスを曇らせるので，プラスチックビンに入れて密栓し，室温で保存する。

【酢酸マグネシウム水溶液　magnesium acetate (aq.)】

- 調製試薬　1M 酢酸マグネシウム水溶液　50mL
- ■ 使用試薬

  酢酸マグネシウム四水和物　$(CH_3COO)_2Mg \cdot 4H_2O$　F.W.＝214.5

  ❶ 酢酸マグネシウム四水和物10.7gを35mLの純水に溶解する。
  ❷ 純水で50mLにメスアップする。
  ❸ オートクレーブ滅菌する。

- ■ 保存

  室温あるいは4℃で保存する。

【塩化マグネシウム水溶液　magnesium chloride (aq.)】

- 調製試薬　1M 塩化マグネシウム水溶液　50mL
- ■ 使用試薬

    塩化マグネシウム六水和物　$MgCl_2 \cdot 6H_2O$　F.W. = 203.3
    塩化マグネシウム無水物　$MgCl_2$　F.W. = 95.21

    ❶ 塩化マグネシウム六水和物10.2g（無水物であれば4.76g）を40mLの純水に溶解する。
    ❷ 純水で50mLにメスアップする。
    ❸ オートクレーブ滅菌する。

- ■ 保存

    室温あるいは4℃で保存する。

【硫酸マグネシウム水溶液　magnesium sulfate (aq.)】

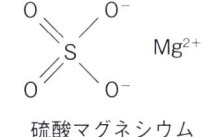

- 調製試薬　1M 硫酸マグネシウム水溶液　50mL
- ■ 使用試薬

    硫酸マグネシウム七水和物　$MgSO_4 \cdot 7H_2O$　F.W. = 246.5
    硫酸マグネシウム無水物　$MgSO_4$　F.W. = 120.4

    ❶ 硫酸マグネシウム七水和物12.3g（無水物であれば6.02g）を40mLの純水に溶解する。
    ❷ 純水で50mLにメスアップする。
    ❸ オートクレーブ滅菌する。

- ■ 保存

    室温あるいは4℃で保存する。

硫酸マグネシウム

【非イオン性界面活性剤水溶液　nonionic surfactants (aq.)】

- 調製試薬　各種10%（v/v）水溶液　50mL
- ■ 使用試薬

    ① Brij 58　[polyoxyethylene (20) cetyl ether]　$C_{56}H_{114}O_{21}$　M.W. = 1,123
    ② Nonidet P-40　[NP-40：polyoxyethylene (9) octylphenyl ether]　$C_{32}H_{58}O_{10}$　M.W. = 602.8　危険物指定
    ③ Triton X-100　[polyoxyethylene (10) octylphenyl ether]　$C_{34}H_{62}O_{11}$　M.W. = 646.9
    ④ Tween 20　[polyoxyethylene (20) sorbitan monolaurate]　$C_{58}H_{114}O_{26}$　M.W. = 1,228
    ⑤ Tween 80　[polyoxyethylene (20) sorbitan monooleate]　$C_{64}H_{124}O_{26}$　M.W. = 1,310

    ❶ 各種試薬原液5.0mLを45mLの純水に加えて混合する。

- ■ 特性

    親水性度＝④＞①＞⑤＞③＞②，界面活性度＝②＞③＞①＞④＞⑤。基本的にタンパク質を変性させない。

- ■ 保存

    室温あるいは4℃で保存する。

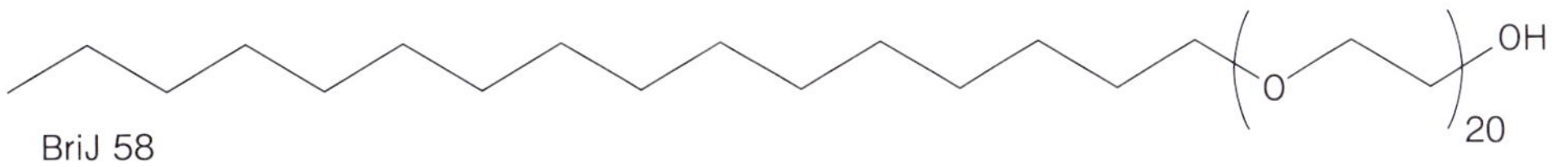

Brij 58

※構造式中の（　）$_{20}$ は，
（　）内の構造を20回
繰り返すことを意味する。

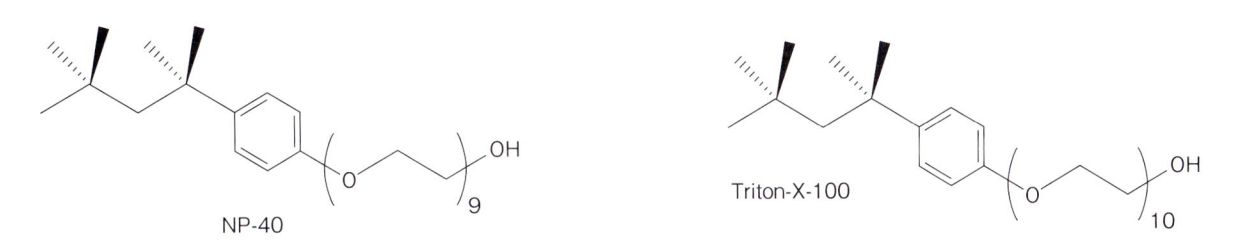

NP-40

Triton-X-100

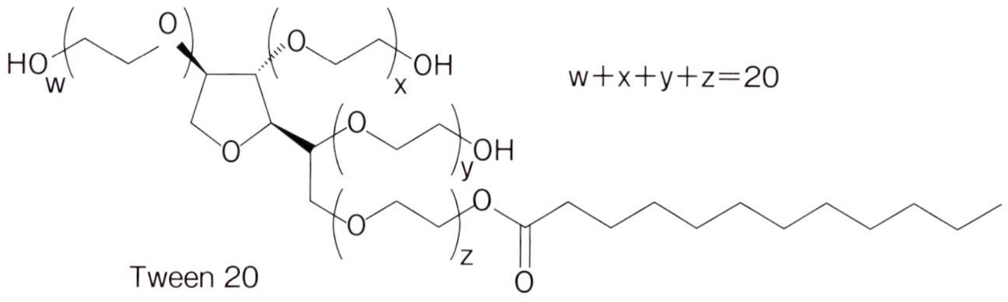

Tween 20   w+x+y+z=20

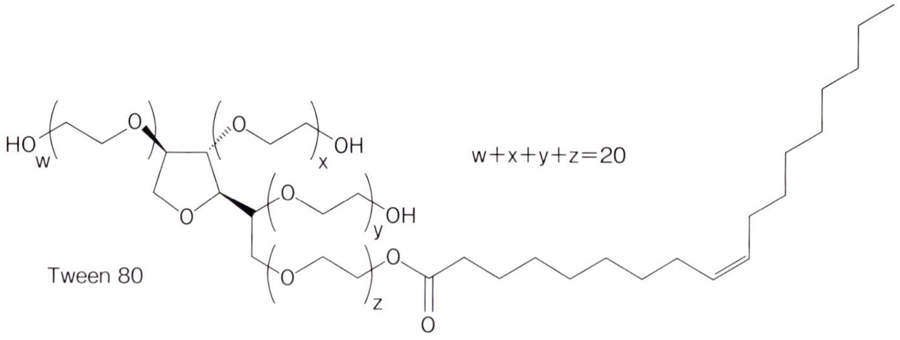

Tween 80   w+x+y+z=20

【酢酸カリウム水溶液　potassium acetate (aq.)】

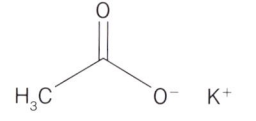

- 調製試薬　3M 酢酸カリウム水溶液　50mL
- ■ 使用試薬

酢酸カリウム　CH_3COOK　F.W. = 98.14

　❶　酢酸カリウム 14.7g を 40mL の純水に溶解する。
　❷　純水で 50mL にメスアップする。
　❸　オートクレーブ滅菌する。

- ■ 保存

室温あるいは 4℃ で保存する。

酢酸カリウム

【塩化カリウム水溶液　potassium chloride (aq.)】

- 調製試薬　3M 塩化カリウム水溶液　100mL
- ■ 使用試薬

塩化カリウム　KCl　F.W. = 74.55

　❶　塩化カリウム 22.4g を 80mL の純水に溶解する。
　❷　純水で 100mL にメスアップする。
　❸　オートクレーブ滅菌する。

- ■ 保存

室温あるいは 4℃ で保存する。

【水酸化カリウム水溶液　potassium hydroxide (aq.)】

- 調製試薬　5M 水酸化カリウム水溶液　50mL
- ■ 使用試薬

水酸化カリウム　KOH　F.W. = 56.11　劇物指定

　❶　水酸化カリウム 14.0g を手早く秤量し，40mL の純水に溶解する。
　❷　純水で 50mL にメスアップする。

- ■ 特性

水酸化カリウムは発熱しながら水に溶け，強いアルカリ性を示す。

■ 注意
　水酸化カリウムは強い吸湿性と腐食性があるので、試薬ビンのふたはすぐに閉める。
　試薬が皮膚や目についたら、ただちに大量の水道水で洗う。
■ 保存
　濃い溶液はガラスを溶かすので、プラスチック容器に入れて密栓し、室温で保存する。

【酢酸ナトリウム水溶液　sodium acetate (aq.)】

- 調製試薬　3M 酢酸ナトリウム水溶液　50mL
■ 使用試薬
　酢酸ナトリウム三水和物　$CH_3COONa \cdot 3H_2O$　F.W. = 136.1
　酢酸ナトリウム無水物　CH_3COONa　F.W. = 82.03
　❶ 酢酸ナトリウム三水和物20.4g（無水物であれば12.3g）を40mLの純水に溶解する。
　❷ 純水で50mLにメスアップする。
　❸ オートクレーブ滅菌する。
■ 保存
　室温あるいは4℃で保存する。

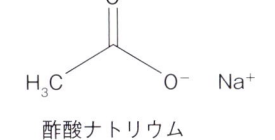

酢酸ナトリウム

【塩化ナトリウム水溶液　sodium chloride (aq.)】

- 調製試薬　5M 塩化ナトリウム水溶液　100mL
■ 使用試薬
　塩化ナトリウム　NaCl　F.W. = 58.44
　❶ 塩化ナトリウム29.2gを80mLの純水に溶解する。
　❷ 純水で100mLにメスアップする。
　❸ オートクレーブ滅菌する。
■ 保存
　室温あるいは4℃で保存する。

【SDS（ドデシル硫酸ナトリウム）水溶液　sodium dodecyl sulfate (aq.)】

- 調製試薬　10%（w/v）SDS水溶液　50mL
■ 使用試薬
　SDS　$CH_3(CH_2)_{11}OSO_3Na$　F.W. = 288.4
　❶ SDS 5.0gを40mLの純水に溶解する。
　❷ 純水で50mLにメスアップする。
■ 特性
　SDSは陰イオン性界面活性剤。タンパク質に結合して可溶化・変性させる。電気泳動、細胞の破壊、酵素の失活、高分子物質の非特異的吸着の防止などに用いる。
■ 保存
　室温で保存する。

SDS

第3部　試薬などのレシピ

【水酸化ナトリウム水溶液　sodium hydroxide (aq.)】
- 調製試薬　2M 水酸化ナトリウム水溶液　50mL
- ■ 使用試薬

  水酸化ナトリウム　NaOH　F.W.＝40.00　劇物指定

  ❶ 水酸化ナトリウム4.0gを手早く秤量し，40mLの純水に溶解する。

  ❷ 純水で50mLにメスアップする。

- ■ 特性

  水酸化ナトリウムは発熱しながら水に溶け，強いアルカリ性を示す。

- ■ 注意

  水酸化ナトリウムは強い吸湿性と腐食性があるので，試薬ビンのふたはすぐに閉める。試薬が皮膚や目についたら，ただちに大量の水道水で洗う。

- ■ 保存

  濃い溶液はガラスを溶かすので，プラスチック容器に入れて密栓し，室温で保存する。

③ 緩衝溶液

① 緩衝能のあるpH範囲

緩衝能は，緩衝剤のpK_a付近が最も強く，pK_aから離れるに従って弱くなっていく（第4部-②参照）。一般的に，緩衝能があるとされるのは$pK_a±1$のpH範囲で，望ましくは$pK_a±0.5$の範囲で使用できるよう，適切な緩衝剤を選択する必要がある。

pK_aおよびその温度依存性は様々なリファレンスで紹介されているが，数値が異なることが多い。ここでは，本書で紹介する緩衝剤について，CRC Handbook of Chemistry and Physics[1]で報告されているpK_a，$\Delta H°$，$\Delta Cp°$という3つのパラメーターをもとにpK_aの温度依存性を計算した結果を示しておく（表3-3-1）。なお，pK_aの温度依存性

表3-3-1　各種バッファーのpK_aとその温度依存性

	pK_a	$\Delta pK_a/℃$
	25℃	25℃付近
Citrate (pK_1)	3.1	−0.003
Acetate	4.8	0.000
Citrate (pK_2)	4.8	−0.002
MES	6.3	−0.009
Citrate (pK_3)	6.4	0.002
Bis-tris	6.5	−0.017
ADA	6.8	−0.008
PIPES	7.1	−0.007
MOPS	7.2	−0.013
Phosphate (pK_2)	7.2	−0.002
HEPES	7.6	−0.012
Tris	8.1	−0.028
Tricine	8.1	−0.019
Bicine	8.3	−0.016
Borate (pK_1)	9.2	−0.009
CAPS	10.5	−0.029

$\Delta pK_a/℃$は，文献1）に記載されている25℃におけるpK_a，$\Delta H°$，$\Delta Cp°$より算出した。

は厳密には直線ではないので，25℃付近での傾きを示した。また，表3-3-1中のバーは使用に適したpH範囲を示しているので，緩衝剤の選択に利用して欲しい。

pK_aの温度依存性に関して特に注目して欲しいのはTrisとCAPSである。これらの緩衝剤はΔpK_aが－0.03/℃程度と比較的変化が大きく，溶液の温度が30℃上昇すればpHが1ユニット近く低下することが予測される。熱をかけるような実験系においては，注意が必要である。

② Good バッファー

Goodらは1966年に生化学（生物学）実験用の緩衝剤としての望ましい条件を考慮し，両性イオン構造を持つ各種のアミノエタンスルホン酸およびアミノプロパンスルホン酸誘導体を合成し，それらの緩衝溶液の有用性を明らかにした[2]。それらはGoodバッファー（Good's buffer）と呼ばれ，次のような特長を持っている。
① 水によく溶け，濃厚な緩衝液が調製できる。
② 生体膜を通過しにくい。
③ 酸解離平衡が濃度，温度，イオン組成の影響を受けにくい。
④ 金属イオンとの錯形成能が小さい。
⑤ 化学的に安定で，再結晶による高純度精製が可能。
⑥ 可視，紫外部に吸収を持たず，目的成分の検出が容易。

本書では，いくつかのGoodバッファーを選び，調製方法を酸性側のバッファーから順に記した。

【MES バッファー　MES buffer】

- **調製試薬**　0.1M MESバッファー　50mL
- **■ 使用試薬**

    MES一水和物　[2-(N-morpholino)ethanesulfonic acid]・monohydrate　$C_6H_{13}NO_4S$　M.W. = 213.2
    水酸化ナトリウム　NaOH　F.W. = 40.00　劇物指定

① 0.2M MES水溶液の調製
　❶ MES一水和物 4.26gを40mLの純水に溶解する。
　❷ 純水で100mLにメスアップする。
② 0.2M NaOH水溶液の調製
　❸ NaOH 800mgを40mLの純水に溶解する。
　❹ 純水で100mLにメスアップする。
③ MESバッファーの調製
　❺ 以下の表を参照し，希望のpHになるように①液，②液および純水を加える。

①液 (mL)	25	25	25	25	25
②液 (mL)	0	5	10	15	20
純水 (mL)	25	20	15	10	5
pH	3.7	5.6	6.0	6.4	8.4

　❻ オートクレーブ滅菌する。
- **■ 保存**

    4℃で保存する。
- **■ 備考**

    バッファー中にNaを入れたくない場合は，NaOHの代わりにKOHを使用する。

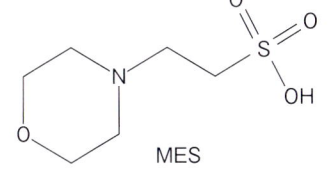

【Bis-Tris バッファー　Bis-Tris buffer】

● 調製試薬　0.1M Bis-Trisバッファー　50mL

■ 使用試薬

Bis-Tris　bis(2-hydroxyethyl)iminotris(hydroxymethyl)methane　$C_8H_{19}NO_5$　M.W.＝209.2

塩酸　HCl　M.W.＝36.46　劇物指定

①0.2M Bis-Tris水溶液の調製

❶ Bis-Tris 4.18gを40mLの純水に溶解する。

❷ 純水で100mLにメスアップする。

②0.2M HCl水溶液の調製

❸ HCl 1.67mLを40mLの純水に加えて混合する。

❹ 純水で100mLにメスアップする。

③Bis-Trisバッファーの調製

❺ 以下の表を参照し，希望のpHになるように①液，②液および純水を加える。

①液(mL)	25	25	25	25
②液(mL)	0	5	10	15
純水(mL)	25	20	15	10
pH	9.5	7.1	6.6	6.1

❻ オートクレーブ滅菌する。

■ 保存

4℃で保存する。

【ADA バッファー　ADA buffer】

● 調製試薬　0.05M ADAバッファー　50mL

■ 使用試薬

ADA　N-(2-acetamido)iminodiacetic acid　$C_6H_{10}N_2O_5$　M.W.＝190.2

水酸化ナトリウム　NaOH　F.W.＝40.00　劇物指定

①0.1M ADAモノナトリウム塩水溶液の調製

❶ ADA 1.90g，NaOH 400mgを40mLの純水に溶解する。

❷ 純水で100mLにメスアップする。

②0.1M NaOH水溶液の調製

❸ NaOH 400mgを40mLの純水に溶解する。

❹ 純水で100mLにメスアップする。

③ADAバッファーの調製

❺ 以下の表を参照し，希望のpHになるように①液，②液および純水を加える。

①液(mL)	25	25	25	25	25
②液(mL)	0	5	10	15	20
純水(mL)	25	20	15	10	5
pH	5.8	6.6	6.9	7.3	7.8

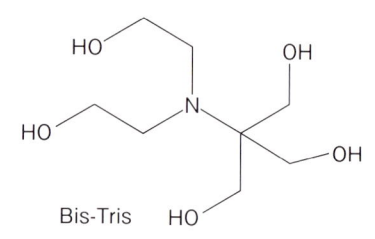

❻ オートクレーブ滅菌する。

■ 保存

4℃で保存する。

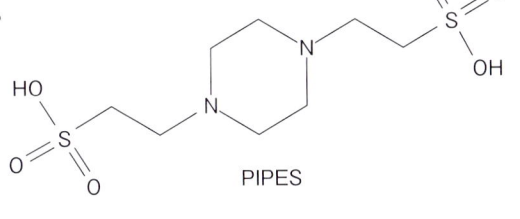

【PIPES バッファー　PIPES buffer】

- 調製試薬　0.1M PIPESバッファー　50mL
- ■ 使用試薬

    PIPES　piperazine-1,4-bis(2-ethanesulfonic acid)　$C_8H_{18}N_2O_6S_2$　M.W. = 302.4

    水酸化ナトリウム　NaOH　F.W. = 40.00　劇物指定

①0.2M PIPESモノナトリウム塩水溶液の調製
- ❶ PIPES 6.04g, NaOH 800mgを40mLの純水に溶解する。
- ❷ 純水で100mLにメスアップする。

②0.2M NaOH水溶液の調製
- ❸ NaOH 800mgを40mLの純水に溶解する。
- ❹ 純水で100mLにメスアップする。

③PIPESバッファーの調製
- ❺ 以下の表を参照し、希望のpHになるように①液、②液および純水を加える。

①液（mL）	25	25	25	25	25
②液（mL）	0	5	10	15	20
純水（mL）	25	20	15	10	5
pH	5.6	6.4	6.8	7.2	7.7

- ❻ オートクレーブ滅菌する。

■ 保存

4℃で保存する。

【MOPS バッファー　MOPS buffer】

- 調製試薬　0.1M MOPSバッファー　50mL
- ■ 使用試薬

    MOPS　[3-(N-morpholino) propanesulfonic acid]　$C_7H_{15}NO_4S$　M.W. = 209.3

    水酸化ナトリウム　NaOH　F.W. = 40.00　劇物指定

①0.2M MOPS水溶液の調製
- ❶ MOPS 4.19gを40mLの純水に溶解する。
- ❷ 純水で100mLにメスアップする。

②0.2M NaOH水溶液の調製
- ❸ NaOH 800mgを40mLの純水に溶解する。
- ❹ 純水で100mLにメスアップする。

③MOPSバッファーの調製
- ❺ 以下の表を参照し、希望のpHになるように①液、②液および純水を加える。

①液（mL）	25	25	25	25	25
②液（mL）	0	5	10	15	20
純水（mL）	25	20	15	10	5
pH	3.8	6.6	7.0	7.4	8.8

- ❻ オートクレーブ滅菌する。

■ 保存

4℃で保存する。

第3部　試薬などのレシピ

【HEPES バッファー　HEPES buffer】

- 調製試薬　0.1M HEPESバッファー　50mL
- ■ 使用試薬

　　HEPES　(N-2-hydroxyethylpiperazine-N'-ethanesulfonic acid)　$C_8H_{18}N_2O_4S$　M.W. = 238.3
　　水酸化ナトリウム　NaOH　F.W. = 40.00　劇物指定

①0.2M HEPES水溶液の調製
　❶ HEPES 4.77gを40mLの純水に溶解する。
　❷ 純水で100mLにメスアップする。

②0.2M NaOH水溶液の調製
　❸ NaOH 800mgを40mLの純水に溶解する。
　❹ 純水で100mLにメスアップする。

③HEPESバッファーの調製
　❺ 以下の表を参照し，希望のpHになるように①液，②液および純水を加える。

①液 (mL)	25	25	25	25	25
②液 (mL)	0	5	10	15	20
純水 (mL)	25	20	15	10	5
pH	5.3	7.0	7.4	7.7	8.1

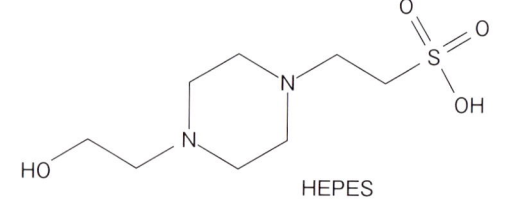

　❻ オートクレーブ滅菌する。

- ■ 保存

　　4℃で保存する。

【Tricine バッファー　Tricine buffer】

- 調製試薬　0.1M Tricineバッファー　50mL
- ■ 使用試薬

　　Tricine　N-[tris (hydroxymethyl) methyl]glycine]　$C_6H_{13}NO_5$　M.W. = 179.2
　　水酸化ナトリウム　NaOH　F.W. = 40.00　劇物指定

①0.2M Tricine水溶液の調製
　❶ Tricine 3.58gを40mLの純水に溶解する。
　❷ 純水で100mLにメスアップする。

②0.2M NaOH水溶液の調製
　❸ NaOH 800mgを40mLの純水に溶解する。
　❹ 純水で100mLにメスアップする。

③Tricineバッファーの調製
　❺ 以下の表を参照し，希望のpHになるように①液，②液および純水を加える。

①液 (mL)	25	25	25	25	25
②液 (mL)	0	5	10	15	20
純水 (mL)	25	20	15	10	5
pH	4.9	7.5	7.9	8.3	8.6

❻ オートクレーブ滅菌する。

- ■ 保存

　　4℃で保存する。

【Bicine バッファー　Bicine buffer】

- 調製試薬　0.1M Bicine バッファー　50mL
- 使用試薬

    Bicine　N, N-bis (2-hydroxyethyl) glycine　$C_6H_{13}NO_4$　M.W. = 163.2

    水酸化ナトリウム　NaOH　F.W. = 40.00　劇物指定

① 0.2M Bicine 水溶液の調製

　❶　Bicine 3.26g を 40mL の純水に溶解する。

　❷　純水で 100mL にメスアップする。

② 0.2M NaOH 水溶液の調製

　❸　NaOH 800mg を 40mL の純水に溶解する。

　❹　純水で 100mL にメスアップする。

③ Bicine バッファーの調製

　❺　以下の表を参照し，希望の pH になるように①液，②液および純水を加える。

①液 (mL)	25	25	25	25	25
②液 (mL)	0	5	10	15	20
純水 (mL)	25	20	15	10	5
pH	5.1	7.8	8.2	8.6	10.4

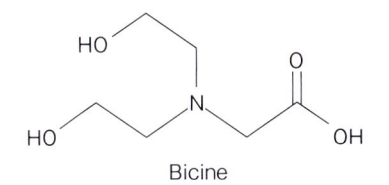

　❻　オートクレーブ滅菌する。

- 保存

    4℃で保存する。

【CAPS バッファー　CAPS buffer】

- 調製試薬　0.1M CAPS バッファー　50mL
- 使用試薬

    CAPS　3-cyclohexylaminopropanesulfonic acid　$C_9H_{19}NO_3S$　M.W. = 221.3

    水酸化ナトリウム　NaOH　F.W. = 40.00　劇物指定

① 0.2M CAPS 水溶液の調製

　❶　CAPS 4.43g を 40mL の純水に溶解する。

　❷　純水で 100mL にメスアップする。

② 0.2M NaOH 水溶液の調製

　❸　NaOH 800mg を 40mL の純水に溶解する。

　❹　純水で 100mL にメスアップする。

③ CAPS バッファーの調製

　❺　以下の表を参照し，希望の pH になるように①液，②液および純水を加える。

①液 (mL)	25	25	25	25	25
②液 (mL)	0	5	10	15	20
純水 (mL)	25	20	15	10	5
pH	6.8	10.0	10.5	10.8	11.2

　❻　オートクレーブ滅菌する。

- 保存

    4℃で保存する。

③ その他の緩衝溶液

【リン酸バッファー　phosphate buffer】
- 調製試薬　0.1M リン酸ナトリウムバッファー　50mL
■ 使用試薬

　リン酸水素二ナトリウム十二水和物　$Na_2HPO_4・12H_2O$　F.W.＝358.1　アルカリ性
　リン酸水素二ナトリウム無水物　Na_2HPO_4　F.W.＝142.0　アルカリ性
　リン酸二水素ナトリウム二水和物　$NaH_2PO_4・2H_2O$　F.W.＝156.0　酸性
　リン酸二水素ナトリウム無水物　NaH_2PO_4　F.W.＝120.0　酸性

①0.2M リン酸水素二ナトリウム水溶液の調製
- ❶ リン酸水素二ナトリウム十二水和物1.79g（無水物であれば710mg）を25mLの純水に溶解する。

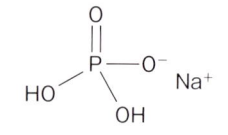

②0.2M リン酸二水素ナトリウム水溶液の調製
- ❷ リン酸二水素ナトリウム二水和物780mg（無水物であれば600mg）を25mLの純水に溶解する。

③0.1M リン酸ナトリウムバッファーの調製
- ❸ 以下の表を参照し，希望のpHになるように，リン酸二水素ナトリウム水溶液にリン酸水素二ナトリウム水溶液を加える。

Na_2HPO_4 (mL)	2.0	3.1	4.6	6.6	9.4	12.3	15.3	18.0	20.3	21.8	22.9	23.7
NaH_2PO_4 (mL)	23.0	21.9	20.4	18.4	15.6	12.7	9.7	7.0	4.7	3.2	2.1	1.3
pH	5.8	6.0	6.2	6.4	6.6	6.8	7.0	7.2	7.4	7.6	7.8	8.0

- ❹ 純水を25mL加える。
- ❺ オートクレーブ滅菌する。

■ 特性
　pH＝5.8～8.0に調整することが可能。

■ 保存
　4℃で保存する。

【PBS　phosphate buffered saline】
- 調製試薬　1×PBS（pH＝7.4）　100mL
■ 使用試薬

　リン酸水素二ナトリウム十二水和物　$Na_2HPO_4・12H_2O$　F.W.＝358.1　アルカリ性
　リン酸水素二ナトリウム無水物　Na_2HPO_4　F.W.＝142.0　アルカリ性
　リン酸二水素カリウム　KH_2PO_4　F.W.＝238.3　酸性
　塩化ナトリウム　NaCl　F.W.＝58.44
　塩化カリウム　KCl　F.W.＝74.55

- ❶ リン酸水素二ナトリウム十二水和物290mg（無水物であれば115mg），リン酸二水素カリウム24.0mg，塩化ナトリウム800mg，塩化カリウム20.0mgを80mLの純水に溶解する。
- ❷ pHを合わせ，純水で100mLにメスアップする。
- ❸ オートクレーブ滅菌する。

■ 特性
　生理的なバッファーとしてよく用いられる。細胞培養や抗体を用いる実験などには欠かせない。

■ 保存
　室温あるいは4℃で保存する。

【PBS-T　phosphate buffered saline with Tween 20】
- 調製試薬　1× PBS-T　50mL
- ■ 使用試薬
  1× PBS
  Tween 20　$C_{58}H_{114}O_{26}$　M.W. = 1,228（最終濃度：0.05%（v/v））
  ❶ 25μLのTween 20を50mLの1× PBSに加えて混合する。
- ■ 特性
  ウエスタンブロッティングなどの抗体反応において，洗浄用に使用される。
- ■ 保存
  室温で保存する。

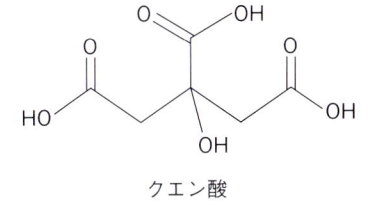

【酢酸ナトリウムバッファー　sodium acetate buffer】
- 調製試薬　3M 酢酸ナトリウムバッファー（pH＝5.2）　50mL
- ■ 使用試薬
  酢酸ナトリウム三水和物　$CH_3COONa \cdot 3H_2O$　F.W. = 136.1
  酢酸ナトリウム無水物　CH_3COONa　F.W. = 82.03
  酢酸　CH_3COOH　M.W. = 60.05　危険物指定
  ❶ 酢酸ナトリウム三水和物20.4g（無水物であれば12.3g）を40mLの純水に溶解する。
  ❷ 酢酸を加えてpHを5.2に合わせた後，純水で50mLにメスアップする。
  ❸ オートクレーブ滅菌する。
- ■ 特性
  pH＝3.7〜5.6に調整することが可能。核酸をエタノール沈殿するとき，終濃度0.3Mになるように加える。
- ■ 保存
  室温あるいは4℃で保存する。

【クエン酸ナトリウムバッファー　sodium citrate buffer】
- 調製試薬　1M クエン酸ナトリウムバッファー（pH＝7.0）　50mL
- ■ 使用試薬
  クエン酸三ナトリウム二水和物　$C_6H_5O_7Na_3 \cdot 2H_2O$　F.W. = 294.1
  クエン酸　$C_6H_8O_7$　M.W. = 192.1

①1M クエン酸三ナトリウム水溶液の調製
  ❶ クエン酸三ナトリウム二水和物36.8gを100mLの純水に溶解する。
  ❷ 純水で125mLにメスアップする。

②1M クエン酸水溶液の調製
  ❸ クエン酸4.80gを17.5mLの純水に溶解する。
  ❹ 純水で25mLにメスアップする。

③1M クエン酸ナトリウムバッファー（pH＝7.0）の調製
  ❺ 45mLのクエン酸三ナトリウム水溶液にクエン酸水溶液を撹拌しながら徐々に加え，pHを調整する。
  ❻ 純水で50mLにメスアップする。
  ❼ オートクレーブ滅菌する。
- ■ 保存
  室温あるいは4℃で保存する。

【Tris 酢酸バッファー　Tris-acetate buffer】
- 調製試薬　1M Tris酢酸バッファー（pH＝7.9）　50mL
- ■ 使用試薬

    Tris 塩基　[tris (hydroxymethyl) aminomethane]　$C_4H_{11}NO_3$　M.W.＝121.2
    3M 酢酸水溶液
    1. Tris 塩基6.06gを30mLの純水に溶解する。
    2. 3M 酢酸水溶液を加えてpHを7.9に合わせた後，純水で50mLにメスアップする。
    3. オートクレーブ滅菌する。
- ■ 保存

    室温あるいは4℃で保存する。

Tris 塩基

【Tris 塩酸バッファー　Tris-HCl（Tris hydrochloric acid）buffer】
- 調製試薬　1M Tris塩酸バッファー（pH＝8.0）　50mL
- ■ 使用試薬

    Tris 塩基　[tris (hydroxymethyl) aminomethane]　$C_4H_{11}NO_3$　M.W.＝121.2
    6M 塩酸水溶液
    1. Tris 塩基6.06gを40mLの純水に溶解する。
    2. 6M 塩酸水溶液を加えてpHを8.0に合わせた後，純水で50mLにメスアップする。
    3. オートクレーブ滅菌する。
- ■ 特性

    pH＝7.1〜8.9に調整することが可能。バイオ実験でもっとも汎用される緩衝液の1つ。
- ■ 保存

    室温あるいは4℃で保存する。

❹ 電気泳動用試薬

① 電気泳動一般

【アクリルアミド水溶液　acrylamide (aq.)】
- 調製試薬　30%アクリルアミド水溶液　100mL
- ■ 使用試薬

    アクリルアミド　C_3H_5NO　M.W.＝71.08（最終濃度：29% (w/v)）　劇物指定
    N, N'-メチレンビスアクリルアミド　$C_7H_{10}N_2O_2$　M.W.＝154.2（最終濃度：1% (w/v)）
    1. アクリルアミド29.0gおよびN, N'-メチレンビスアクリルアミド1.0gを80mLの純水に溶解する。
    2. 純水で100mLにメスアップする。
- ■ 特性

    各種ポリアクリルアミドゲル作製に用いる。
- ■ 注意

    ドラフト内で手袋をして作業するなど，取扱いには十分に注意する。
- ■ 保存

    遮光ビンに入れ，4℃で保存する。

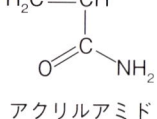

アクリルアミド

N, N'-メチレンビスアクリルアミド（Bis）

【アガロースゲル / 0.5 × TBE　agarose gel / 0.5 × TBE】

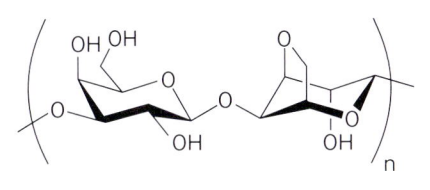

- 調製試薬　0.7%（w/v）アガロース水溶液　100mL

■ 使用試薬

アガロース粉末

0.5 × TBE

❶ アガロース700mgを80mLの0.5×TBEに加え，よく混ぜる。
❷ オートクレーブあるいは電子レンジでアガロースを溶解し，少し冷めたらフタを緩めて純水で100mLにメスアップする。
❸ 65℃以下まで冷めたら注意深く撹拌し，ゲル作製トレイに注ぎ，コームを挿す。
❹ 室温で静置してゲルを固める。

■ 保存

0.5×TBEに浸漬し，乾かないように注意して室温で保存する。

■ 備考

アガロースゲルの濃度と分離可能なDNAのサイズについて表3-4-1にまとめる。一度固まったアガロースゲルを再使用する場合，容器のフタを緩め，電子レンジで加熱融解する。

表3-4-1　アガロースゲルの濃度と分離可能なDNAのサイズ

作製ゲル濃度 (%)	0.6	0.7	1.0	1.2	1.5	2.0
分離できるDNAのサイズ (kb)	1〜20	0.8〜10	0.5〜7	0.4〜6	0.2〜3	0.1〜2

【アガロースゲル電気泳動バッファー　agarose gel electrophoresis buffer】

- 調製試薬　0.5×TBE　200 mL

■ 使用試薬

10×TBE

❶ 10×TBE 10mLを190mLの純水に加えて混合する。

■ 保存

室温で保存する。

【APS（過硫酸アンモニウム）水溶液　ammonium peroxodisulfate (aq.)】

- 調製試薬　10% 過硫酸アンモニウム水溶液　10mL

■ 使用試薬

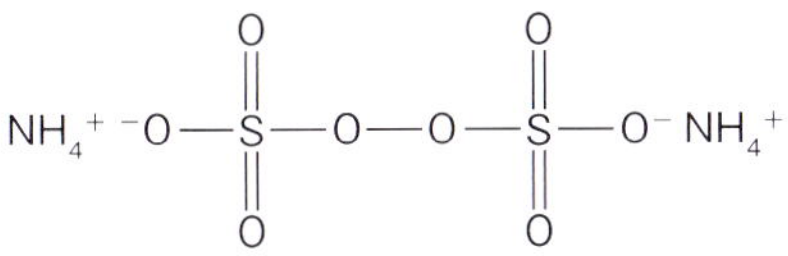

過硫酸アンモニウム（APS：ammonium peroxodisulfate）　$H_8N_2O_8S_2$　M.W. = 228.2

❶ 過硫酸アンモニウム1.0gを10mLの純水に溶解する。

■ 特性

ポリアクリルアミドゲル作製の際，重合開始剤として使用する。

■ 保存

4℃で保存する。

【ゲル用 CBB 染色液　CBB staining solution for gel】

- 調製試薬　CBB染色液　100mL
- 使用試薬

　CBB (coomassie brilliant blue R-250)
$C_{45}H_{44}N_3NaO_7S_2$　M.W.＝825.9 (最終濃度：0.25%(w/v))

　メタノール　CH_3OH　M.W.＝32.04 (最終濃度：50%(v/v))
劇物および危険物指定

　酢酸　CH_3COOH　M.W.＝60.05 (最終濃度：5%(v/v))
危険物指定

❶ CBB 100mg，酢酸5.0mL，メタノール50mLを45mLの純水に加えて溶解する。
❷ 定性ろ紙を用いてろ過する。

- 特性

タンパク質のSDSポリアクリルアミドゲル泳動後，タンパク質の染色に用いる。染色性が低下しない限り，何度でも繰り返し使用可能。

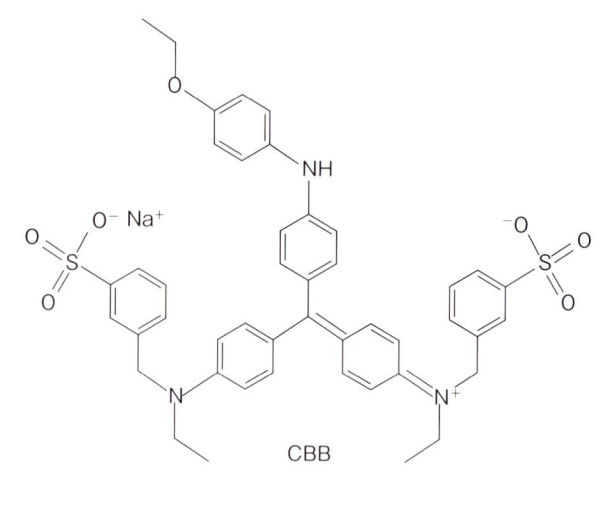

- 保存

室温で保存する。

- 備考

長期間繰り返し使用していると，メタノールおよび酢酸の濃度が不足し，染色性が低下する。メタノールおよび酢酸を適宜加えることで染色性を回復できる。

【メンブレン用 CBB 染色液　CBB staining solution for membrane】

- 調製試薬　メンブレン用染色液　100mL
- 使用試薬

　CBB (coomassie brilliant blue R-250)　$C_{45}H_{44}N_3NaO_7S_2$　M.W.＝825.9 (最終濃度：0.1%(w/v))

　メタノール　CH_3OH　M.W.＝32.04 (最終濃度：40%(v/v))　劇物および危険物指定

　酢酸　CH_3COOH　M.W.＝60.05 (最終濃度：1%(v/v))　危険物指定

❶ CBB 100mg，酢酸1.0mL，メタノール40mLを59mLの純水に加えて溶解する。
❷ 定性ろ紙を用いてろ過する。

- 特性

ウェスタンブロッティング後のメンブレンの染色に用いる。毎回，ごく少量を用いる。染色液の汚れなどによりバックグラウンドが高くなるので，使い捨てにするか，使用後の液をゲル用の染色液に加える。

- 保存

室温で保存する。

【ゲル用 CBB 脱色液　destaining solution for gel CBB stainning】

- 調製試薬　脱色液　100mL
- 使用試薬

　メタノール　CH_3OH　M.W.＝32.04 (最終濃度：5%(v/v))　劇物および危険物指定

　酢酸　CH_3COOH　M.W.＝60.05 (最終濃度：7%(v/v))　危険物指定

❶ 酢酸7.0mL，メタノール5.0mLを88mLの純水に加えて混合する。

- 特性

染色したSDSポリアクリルアミドゲルの脱色に用いる。脱色液を交換しながら，一晩ゲルを浸けて脱色する。

■ 保存
室温で保存する。
■ 備考
着色した使用済み脱色液にキムワイプなどを入れておくと色素が吸着されて透明になり，再利用が可能になる。

【メンブレン用 CBB 脱色液　destaining solution for membrane CBB staining】
- 調製試薬　メンブレン用脱色液　100mL
■ 使用試薬
　　メタノール　CH_3OH　M.W.＝32.04（最終濃度：50%(v/v)）　劇物および危険物指定
　❶　メタノール50mLを50mLの純水に加えて混合する。
■ 特性
ウェスタンブロッティング後のメンブレンの脱色に用いる。毎回，ごく少量を用いるので使い捨てにする。脱色液は何度か交換し，バンドを確認しながら脱色する。
■ 保存
室温で保存する。
■ 備考
着色した使用済み脱色液にキムワイプなどを入れておくと色素が吸着されて透明になり，再利用が可能になる。

【DNA 染色液　DNA staining solution】
- 調製試薬　各種DNA染色溶液　50mL
■ 使用試薬
　　SYBR GreenⅠ
　　SYBR GreenⅡ
　　SYBR Gold
　　GelStar
　　0.5×TBE
　❶　各種試薬5.0μLを50mLの0.5×TBEに加えて混合する。つまり1/10,000に希釈する。
■ 注意
DNA染色剤は核酸と結合する性質を持つため，変異原性の可能性があるものとして取り扱う。また，ストック溶液はDMSOを溶媒としており，手についた場合には色素が組織中に浸透する恐れもあるので，使用に際しては必ず手袋を着用する。
■ 特性
ゲル中のDNAを染色するために用いる。RNAを染める試薬もある。各種DNA染色剤の特性および用途については第4部-⑮参照。
■ 保存
基本的に保存はきかないため，使用直前に調製する。

【ローディングバッファー　loading buffer for gel electrophoresis / normal conditions】
- 調製試薬　6×ローディングバッファー　10mL
■ 使用試薬
　　BPB（bromophenol blue）　$C_{19}H_{10}Br_4O_5S$　M.W.＝670.0（最終濃度：0.2%(w/v)）
　　XC（xylene cyanol FF）　$C_{25}H_{27}N_2NaO_6S_2$　M.W.＝538.6（最終濃度：0.2%(w/v)）
　　グリセロール　$C_3H_8O_3$　M.W.＝92.09（最終濃度：30%(v/v)）
　　0.5M EDTA水溶液（pH＝8.0）（最終濃度：5mM）
　❶　BPB 20mg，XC 20mg，グリセロール3.0mL，0.5M EDTA水溶液100μLを6.9mLの純水に加えて溶解する。

■ 特性
　変性剤を含まないDNA用ゲル電気泳動の際に用いる。一般に，DNAサンプル溶液の1/6倍容量のローディングバッファーを加えて，ゲルのウェルに入れる。

■ 保存
　マイクロチューブに分注して4℃で保存する。

グリセロール

XC

BPB

【変性ローディングバッファー　loading buffer for gel electrophoresis / denaturing conditions】

- 調製試薬　2×変性ローディングバッファー　10mL
- ■ 使用試薬

　BPB（bromophenol blue）　$C_{19}H_{10}Br_4O_5S$　M.W.＝670.0（最終濃度：0.2%（w/v））
　XC（xylene cyanol FF）　$C_{25}H_{27}N_2NaO_6S_2$　M.W.＝538.6（最終濃度：0.2%（w/v））
　ホルムアミド　$HCONH_2$　M.W.＝45.04（最終濃度：99%（v/v））　危険物指定
　0.5M EDTA水溶液（pH＝8.0）（最終濃度：1mM）

❶ イオン交換樹脂10gを100mLのホルムアミドに加え，室温で30分撹拌する。
❷ ろ紙を用いてろ過する（脱イオンホルムアミドの調製）。
❸ BPB 20mg，XC 20mg，0.5M EDTA水溶液20μLを10mLの脱イオンホルムアミドに加えて溶解する。

ホルムアミド

■ 特性
DNA用変性ゲル電気泳動の際に用いる。一般に，DNAサンプル溶液の1/2倍容量のローディングバッファーを加え，95℃で2分間加熱後氷上にて急冷し，変性ゲルのウェルに入れる。

■ 保存
　マイクロチューブに分注して−20℃で保存する。

【ポリアクリルアミドゲル / 1×TBE　polyacrylamide gel / 1×TBE】

- 調製試薬　各濃度のポリアクリルアミドゲル　10mL
- ■ 使用試薬

　30% アクリルアミド水溶液
　10×TBE
　10% APS水溶液
　TEMED（N, N, N', N'-tetramethylethylenediamine）　$C_6H_{16}N_2$　M.W.＝116.2　危険物指定

N,N,N',N'-テトラメチルエチレンジアミン（TEMED）

❶ 30% アクリルアミド水溶液，10×TBE，10% APS水溶液，純水を量りとり（表3-4-2を参照），混合する。
❷ TEMEDを10μL加えて撹拌し，速やかにゲル板内に注ぐ。
❸ コームを差し込み，室温で30分ほど静置してゲルを固める。

■ 特性
主に1kb以下の短いDNAの分離に用いる。ゲル作製時の各試薬の組成および得られたゲルの分離特性を表3-4-2および表3-4-3に示す。

■ 保存
基本的に，使用直前にゲルを作製する。

表3-4-2　10mLゲル作製時の各試薬の組成（mL）

作製ゲル濃度（％）	30％アクリルアミド水溶液	10×TBE	10％APS水溶液	純水	TEMED
3.5	1.16	1	0.1	7.74	0.01
5.0	1.66	1	0.1	7.24	0.01
8.0	2.66	1	0.1	6.24	0.01
12	4.00	1	0.1	4.90	0.01
20	6.66	1	0.1	2.24	0.01

表3-4-3　アクリルアミド濃度と分離できるDNAのサイズ

アクリルアミド濃度（％）	3.5	5.0	8.0	12.0	20.0
分離できるDNAのサイズ（bp）	100〜2,000	80〜500	60〜400	40〜200	1〜100

【変性ポリアクリルアミドゲル　polyacrylamide gel / denaturing conditions】

- 調製試薬　各濃度の変性ポリアクリルアミドゲル　10mL

■ 使用試薬
30％ アクリルアミド水溶液
10×TBE
10％ APS水溶液
TEMED　$C_6H_{16}N_2$　M.W.＝116.2　危険物指定
尿素（Urea）　CH_4N_2O　M.W.＝60.06（最終濃度：7M）

❶ 30％ アクリルアミド水溶液，10×TBE，10％ APS水溶液，尿素4.20gを混合して溶解する（尿素および純水以外の各試薬量は表3-4-2を参照）。
❷ 純水で10mLにメスアップする。
❸ TEMEDを10μL加えて撹拌し，速やかにゲル板内に注ぐ。
❹ コームを差し込み，室温で30分ほど静置してゲルを固める。

■ 特性
二本鎖DNAや高次構造を形成するDNAを変性条件（一本鎖）で分離するときに用いる。

■ 保存
基本的に，使用直前にゲルを作製する。

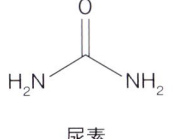

尿素

【PAGE用泳動バッファー　polyacrylamide gel electrophoresis buffer】

- 調製試薬　1×TBE　200mL

■ 使用試薬
10×TBE

❶ 10×TBE 20mLを180mLの純水に加えて混合する。

■ 保存
室温で保存する。

【SDS-PAGE用泳動バッファー　SDS-polyacrylamide gel electrophoresis buffer】
- 調製試薬　10×SDS-PAGE泳動バッファー　500mL
- ■ 使用試薬

    Tris塩基　$C_4H_{11}NO_3$　M.W.＝121.2（最終濃度：0.25M）
    SDS　$CH_3(CH_2)_{11}OSO_3Na$　F.W.＝288.4（最終濃度：1%(w/v)）
    グリシン　$C_2H_5NO_2$　M.W.＝75.07（最終濃度：1.92M）

    ❶ Tris塩基15.2g，SDS 5.0g，グリシン72.1gを400mLの純水に溶解する。
    ❷ 純水で500mLにメスアップする。

- ■ 特性

    SDS-PAGEの泳動バッファー。10倍に希釈して使用する。

- ■ 保存

    室温で保存する。

【SDSポリアクリルアミドゲル　SDS polyacrylamide gel】
- 調製試薬　分離用ゲル　8mL，濃縮用ゲル　2mL
- ■ 使用試薬

    1.5M Tris塩酸バッファー（pH＝8.8）（最終濃度：0.38M）
    30% アクリルアミド水溶液（濃縮用ゲルでの最終濃度：4.5%）
    10% SDS水溶液（最終濃度：0.1%）
    10% APS水溶液
    TEMED　$C_6H_{16}N_2$　M.W.＝116.2　危険物指定
    0.5M Tris塩酸バッファー（pH＝6.5）（最終濃度：0.13M）

- ■ 分離用ゲルの作製

    ❶ 30% アクリルアミド水溶液，10% SDS水溶液，10% APS水溶液，1.5M Tris塩酸バッファー（pH＝8.8），純水を量りとり（表3-4-4を参照），混合する。
    ❷ TEMEDを加えて撹拌し，速やかにゲル板内に注ぐ。
    ❸ ゲル板内の分離ゲル溶液上に少量の純水または水飽和ブタノールを静かに加える。
    ❹ 室温で30分ほど静置して分離用ゲルを固める。

- ■ 濃縮用ゲルの作製

    ❺ 30% アクリルアミド水溶液，10% SDS水溶液，10% APS水溶液，0.5M Tris塩酸バッファー（pH＝6.5），純水を量りとり（表3-4-5を参照），混合する。
    ❻ 分離ゲル上の水，ブタノールを除去する。
    ❼ ❺の溶液にTEMEDを加えて撹拌し，速やかに分離ゲル上に注ぐ。
    ❽ コームを差し込み，室温で30分ほど静置して濃縮用ゲルを固める。

- ■ 特性

    タンパク質のサイズに基づいた分離に用いる。ゲル作製時の各試薬の組成を表3-4-4，表3-4-5に示す。

- ■ 保存

    基本的に，使用直前にゲルを作製する。

表3-4-4　分離用ゲル8mL作製時の各試薬の組成（mL）

試薬	ゲル濃度（%）				
	5.0	8.0	10.0	12.0	15.0
1.5M Tris塩酸バッファー（pH＝8.8）	2.0	2.0	2.0	2.0	2.0
30% アクリルアミド水溶液	1.33	2.13	2.67	3.20	4.00
10% SDS水溶液	0.08	0.08	0.08	0.08	0.08
10% APS水溶液	0.08	0.08	0.08	0.08	0.08
純水	4.50	3.70	3.16	2.63	1.83
TEMED	0.008	0.008	0.008	0.008	0.008
分離可能なタンパク質のサイズ（kDa）	60〜200	60〜200	16〜70	16〜70	12〜45

表3-4-5　濃縮用ゲル2mL作製時の各試薬の組成（mL）

試薬	容量
0.5M Tris塩酸バッファー（pH＝6.5）	0.5
30% アクリルアミド水溶液	0.3
10% SDS水溶液	0.02
10% APS水溶液	0.02
純水	1.16
TEMED	0.002

【SDSサンプルバッファー　SDS sample buffer】

- 調製試薬　2×サンプルバッファー　10mL
- ■ 使用試薬

　　1M Tris塩酸バッファー（pH＝6.8）（最終濃度：125mM）

　　2-メルカプトエタノール　C_2H_6OS　M.W.＝78.31（最終濃度：10%(v/v)）　毒物および危険物指定

　　10% SDS水溶液（最終濃度：4%(w/v)）

　　スクロース　$C_{12}H_{22}O_{11}$　M.W.＝342.2（最終濃度：10%(w/v)）

　　BPB（bromophenol blue）　$C_{19}H_{10}Br_4O_5S$　M.W.＝670.0（最終濃度：0.01%(w/v)）

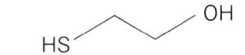

❶ 1M Tris塩酸バッファー1.25mL，2-メルカプトエタノール1.0mL，10% SDS水溶液4.0mL，スクロース1.0g，BPB 1.0mgを混合して溶解する。

❷ 純水で10mLにメスアップする。

■ 注意

2-メルカプトエタノールは独特の不快臭を放つため，ドラフト内で取り扱う。

■ 特性

タンパク質溶液に等量のサンプルバッファーを加え，フタが開かないようにして95℃で3分間静置する。室温まで冷めた後，SDSポリアクリルアミドゲルのウェルに入れる。2-メルカプトエタノールを加えて加熱すると，タンパク質中のジスルフィド結合が切断される。

■ 保存

4℃で保存する。長期の場合は，マイクロチューブに分注して−20℃で保存する。

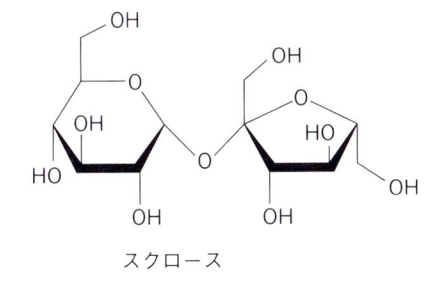

【ウェスタンブロッティング用トランスファーバッファー　transfer buffer for western blotting】

- 調製試薬　トランスファーバッファー　200mL
- ■ 使用試薬

　　Tris塩基　$C_4H_{11}NO_3$　M.W.＝121.2（最終濃度：25mM）
　　グリシン　$C_2H_5NO_2$　M.W.＝75.07（最終濃度：192mM）
　　メタノール　CH_3OH　M.W.＝32.04（最終濃度：20%(v/v)）　劇物および危険物指定

　❶　Tris塩基606mg，グリシン2.90g，メタノール40mLを140mLの純水に加えて溶解する。
　❷　純水で200mLにメスアップする。

- ■ 保存

　室温で保存する。

【TAE　Tris-Acetate-EDTA】

- 調製試薬　50×TAE　200mL
- ■ 使用試薬

　　Tris塩基　$C_4H_{11}NO_3$　M.W.＝121.2（最終濃度：2M）
　　酢酸　CH_3COOH　M.W.＝60.05（最終濃度：2M）　危険物指定
　　0.5M EDTA水溶液（pH＝8.0）（最終濃度：50mM）

　❶　Tris塩基48.4g，酢酸11.4mL，0.5M EDTA水溶液20mLを150mLの純水に加えて溶解する。
　❷　純水で200mLにメスアップする。

- ■ 特性

　核酸のアガロース電気泳動用の泳動バッファーで，50倍に希釈して使用する。

- ■ 保存

　室温で保存する。

【TBE　Tris-Borate-EDTA】

- 調製試薬　5×TBE　200mL
- ■ 使用試薬

　　Tris塩基　M.W.＝121.2（最終濃度：445mM）
　　ホウ酸　$B(OH)_3$　boric acid　M.W.＝61.83（最終濃度：445mM）
　　0.5M EDTA水溶液（pH＝8.0）（最終濃度：10mM）

　❶　Tris塩基10.8g，ホウ酸5.5g，0.5M EDTA水溶液4.0mLを160mLの純水に加えて溶解する。
　❷　純水で200mLにメスアップする。
　❸　オートクレーブ滅菌する。

- ■ 特性

　核酸のポリアクリルアミドゲル電気泳動およびアガロースゲル電気泳動用の泳動バッファー。それぞれ5倍（1×）および10倍（0.5×）に希釈して使用する。

- ■ 保存

　室温で保存する。

② 酵素検出用発色試薬

【BCIP（X-リン酸）ストック溶液　BCIP（5-bromo-4-chloro-3-indolyl phosphate）stock solution】

- 調製試薬　BCIPストック溶液　20mL
- ■ 使用試薬

    BCIP disodium salt　$C_8H_4BrClNNa_2O_4P$　M.W.＝370.4（最終濃度：50mg/mL）
    DMF　C_3H_7NO　M.W.＝73.09　危険物指定

    ❶ BCIP 1.0gを20mLのDMFに溶解する。

- ■ 特性

    無色透明から薄紫色の溶液となる。古くなると白色の沈殿を生じるが、均一に混ぜて使用すれば使用可能。

- ■ 保存

    500μL〜1mLずつ分注し、−20℃で遮光して保存する。

- ■ 備考

    −20℃では凍らない。粉末も−20℃で保存する。

【AP（アルカリフォスファターゼ）発色バッファー　buffer for alkaline phosphatase reaction】

- 調製試薬　AP発色バッファー　500mL
- ■ 使用試薬

    Tris塩基　$C_4H_{11}NO_3$　M.W.＝121.2（最終濃度：100mM）
    塩化ナトリウム　NaCl　F.W.＝58.44（最終濃度：100mM）
    塩化マグネシウム六水和物　$MgCl_2 \cdot 6H_2O$　F.W.＝203.3（最終濃度：50mM）
    塩化マグネシウム無水物　$MgCl_2$　F.W.＝95.21（最終濃度：50mM）

    ❶ Tris塩基6.06g、塩化ナトリウム2.92g、塩化マグネシウム六水和物5.08g（無水物であれば2.38g）を450mLの純水に溶解する。
    ❷ 1M HClでpH＝9.5に調整する。
    ❸ 純水で500mLにメスアップする。

- ■ 特性

    マグネシウムの沈殿を生じやすい。通常、滅菌の必要はない。どうしても必要な場合は、塩化マグネシウムを除いて475mLに調整したものをオートクレーブ滅菌し、冷めてから滅菌済みの1M塩化マグネシウム水溶液を25mL加える。

- ■ 保存

    室温あるいは4℃で保存する。

- ■ 備考

    発色直前のステップで、バッファー交換のためにAP発色バッファーだけも必要である。

【HRP発色バッファー　buffer for horseradish peroxidase reaction】

- **調製試薬**　HRP発色バッファー（0.1Mリン酸バッファー　pH=6.4）　500mL
- ■ 使用試薬

  0.2Mリン酸水素二ナトリウム溶液　Na_2HPO_4　アルカリ性
  0.2Mリン酸二水素ナトリウム溶液　NaH_2PO_4　酸性

  ❶ 0.2Mリン酸水素二ナトリウム溶液25.5mLおよび0.2Mリン酸二水素ナトリウム溶液74.5mLを100mLの純水に加えて混合する。

- ■ 特性

  通常，滅菌の必要はない。オートクレーブ滅菌しておけば，カビなどが生じにくい。

- ■ 保存

  室温あるいは4℃で保存する。

- ■ 備考

  pH＝6.4の0.1Mリン酸バッファーを，p78の「リン酸バッファー」の項目の表に従って調製する。

【10%過酸化水素水　hydrogen peroxide solution】

- **調製試薬**　10%過酸化水素水　10.5mL
- ■ 使用試薬

  過酸化水素水　35%(w/v)　H_2O_2　M.W.＝34.01（最終濃度：10%(w/v)）　劇物指定

  ❶ 過酸化水素水3.0mLを7.5mLの純水に加えて混合する。

- ■ 特性

  過酸化水素は揮発性があり，長期間保存できない。

- ■ 保存

  4℃で保存する。1カ月程度で新しく作り直す。

- ■ 備考

  市販の過酸化水素水35%(w/v)も4℃で保存する。古い試薬はやはり揮発しており，表示の濃度より低い場合もあるので注意が必要。

【NBTストック溶液　nitro blue tetrazolium chloride stock solution】

- **調製試薬**　NBTストック溶液　13.3mL
- ■ 使用試薬

  NBT（nitro blue tetrazolium chloride: ニトロブルーテトラゾリウム）$C_{40}H_{30}Cl_2N_{10}O_6$　M.W.=817.6（最終濃度：75mg/mL）　危険物指定

  DMF（N, N-dimethylformamide: ジメチルホルムアミド）　C_3H_7NO　M.W.=73.09（最終濃度：70%(v/v)）　危険物指定

  ❶ 純水4.0mLを9.3mLのDMFに加えて混合する。

  ❷ NBT 1.0gを加えて溶解する。

- ■ 特性

  澄んだ黄色の溶液となる。

- ■ 保存

  500μL～1mLずつ分注し，－20℃で遮光して保存する。

- ■ 備考

  －20℃では凍らない。粉末も－20℃で保存する。

【AP発色液　reaction buffer for alkaline phosphatase】

- 調製試薬　AP発色液　10mL

■ 使用試薬

AP発色バッファー
NBTストック溶液（NBT最終濃度：0.41mM）
BCIPストック溶液（BCIP最終濃度：2.4mM）

❶　NBTストック溶液45μLを10mLのAP発色バッファーに加えて混合する。
❷　BCIPストック溶液35μLを加えて混合する。

■ 特性

NBTが薄まり，薄い黄色を呈する。発色反応中も遮光することが望ましい。

■ 保存

使用直前に調製する。
使用するまでに少し時間があるようであれば，アルミ箔などで遮光し，氷上で保存する。

■ 備考

長時間発色させていると，光やメンブレンに吸着されなかった発色沈殿物のために，発色液も紫色を呈するようになる。バックグラウンドが高くなるので，発色液が紫色になってきたら交換する。一晩発色させる場合などは，その前に発色液を交換しておく。

【HRP発色液　reaction buffer for horseradish peroxidase】

- 調製試薬　HRP発色液　10mL

■ 使用試薬

ジアミノベンジジン（3,3'-diaminobenzidine；DAB）
$C_{12}H_{14}N_4$　M.W. = 214.3（最終濃度：0.2mg/mL）
10%過酸化水素水　M.W. = 34.01（最終濃度：0.06%（w/v））
HRP発色バッファー　10mL

❶　DAB 2.0mgをごく少量の純水に溶解する。
❷　HRP発色バッファー 10mLを加えて混合する。
❸　10%過酸化水素水60μLを加えて混合する。

■ 特性

DABは水には溶けやすいが，バッファーには少し溶けにくい。無色透明。DABが褐色を呈していることがあり，その際は若干色がつくが，問題なく使用できる。

■ 保存

使用直前に調製する。使用するまでに少し時間があるようであれば，アルミ箔などで遮光し，氷上で保存する。

■ 備考

長時間発色させていると，光やメンブレンに吸着されなかった発色沈殿物のために，発色液も茶色を呈するようになる。バックグラウンドが高くなるので，発色液が茶色くなってきたら交換する。

❺ 遺伝子工学実験用試薬

【硫酸アンモニウム水溶液　ammonium sulfate (aq.)】
- 調製試薬　3.5M 硫酸アンモニウム水溶液　50mL
- ■ 使用試薬

  硫酸アンモニウム　$(NH_4)_2SO_4$　F.W. = 132.1
  1. 硫酸アンモニウム23.1gを40mLの純水に溶解する。
  2. 必要に応じて5M 水酸化ナトリウム水溶液を加え，pHを調整する。
  3. 純水で50mLにメスアップする。

- ■ 特性

  タンパク質の沈殿に用いる。
- ■ 注意

  腐食性が強く金属を錆びさせるため，金属器具についたらすぐに洗浄する。
- ■ 保存

  4℃で保存する。

【細胞溶解液　cell lysis solution】
- 調製試薬　細胞溶解液　200mL
- ■ 使用試薬

  1M Tris塩酸バッファー（pH = 7.5）（最終濃度：50mM）
  5M 塩化ナトリウム水溶液（最終濃度：150mM）
  10% SDS水溶液（最終濃度：0.1%(w/v)）
  10% Triton X-100水溶液（最終濃度：1%(v/v)）
  10% デオキシコール酸ナトリウム水溶液（1%(v/v)）
  PMSF（phenylmethylsulfonyl fluoride）
  $C_6H_5CH_2SO_2F$　M.W. = 174.2
  アプロチニン（aprotinin）　M.W. = 6,500

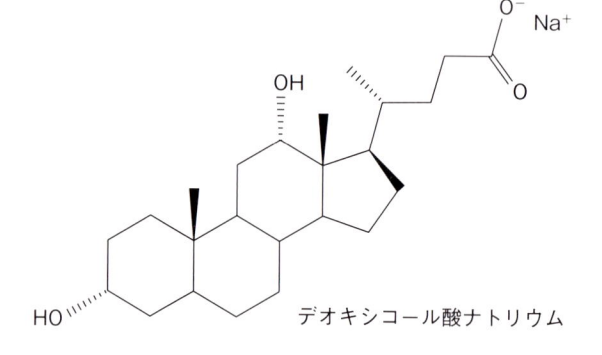

  1. 1M Tris塩酸バッファー10mL，5M 塩化ナトリウム水溶液6.0mL，10% SDS水溶液2.0mL，10% Triton X-100水溶液20mL，10% デオキシコール酸ナトリウム水溶液20mLを122mLの純水に加えて混合する。
  2. PMSF 34.8mgを20mLのイソプロパノールに溶解する（10mM PMSF溶液の調製）。
  3. アプロチニン10mgを1.0mLの10mM HEPES（pH = 8.0）に溶解する（10mg/mLアプロチニン水溶液の調製）。
  4. 使用直前に，10mM PMSF溶液20mLと10mg/mL アプロチニン水溶液20μLを❶の溶液200mLに加えて混合する。

- ■ 特性

  タンパク質を抽出するために組織や細胞を溶解する。試料に加えてホモジナイズする。
- ■ 保存

  PMSF溶液とアプロチニン水溶液を別にして，室温あるいは4℃で保存する。
- ■ 備考

  PMSFおよびアプロチニンはプロテアーゼインヒビターで，PMSFはトリプシン，キモトリプシンなどを，アプロチニンはカリクレイン，トリプシン，キモトリプシン，プラスミンなどを阻害する。

【クロロホルム・イソアミルアルコール混合液　chloroform isoamyl alcohol（CIA）】

- 調製試薬　CIA RNase free（chloroform：isoamyl alcohol＝24：1）　50 mL
- ■ 使用試薬

    クロロホルム　$CHCl_3$　M.W.＝119.4（最終濃度：96%(v/v)）　劇物指定

    イソアミルアルコール　$C_5H_{12}O$　M.W.＝88.15（最終濃度：4%(v/v)）　危険物指定

    ❶ フタができるガラス容器中で，クロロホルム48mLとイソアミルアルコール2.0mLを混合する。

- ■ 特性

    核酸の抽出に用いられる。

- ■ 注意

    クロロホルムは揮発性の試薬のため，ドラフト内で扱うこと。

- ■ 保存

    遮光ビンに入れ，4℃で保存する。

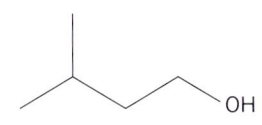

【DEPC水　DEPC water】

- 調製試薬　0.1% DEPC　100mL
- ■ 使用試薬

    DEPC（diethyl pyrocarbonate；ジエチルピロカーボネート）

    $C_6H_{10}O_5$　M.W.＝162.1　危険物指定

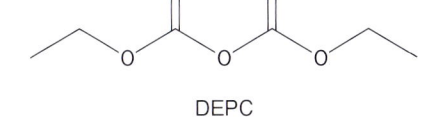

    ❶ 保存ビン中で，純水100mLとDEPC100μLを混合し，2時間以上室温放置する。

    ❷ ビンのフタを少し緩めて30分程度オートクレーブし，DEPCを分解揮発させる。

- ■ 注意

    DEPC原液には毒性があるため，手袋をしてドラフト内で扱う。

- ■ 特性

    DEPCには強いRNase不活化効果があり，RNase-free水としてRNA実験に使用する。RNA実験のためにガラスやプラスチック器具を処理する場合は，混合直後のDEPC水に器具を2時間以上浸漬した後，オートクレーブする。

- ■ 保存

    室温あるいは4℃で保存する。

【70%エタノール　70% ethanol】

- 調製試薬　70% エタノール　500mL
- ■ 使用試薬

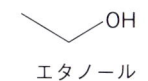

    無水エタノール　C_2H_5OH　M.W.＝46.07（最終濃度：70%(v/v)）　危険物指定

    ❶ 無水エタノール350mLを150mLの純水に加えて混合する。

    ❷ 純水で500mLにメスアップする。

- ■ 特性

    核酸のエタノール沈殿に用いる。

- ■ 保存

    4℃あるいは−20℃で保存する。

【イミダゾール水溶液　imidazole (aq.)】

- 調製試薬　3M イミダゾール水溶液　20mL
- ■ 使用試薬

  イミダゾール　$C_3H_4N_2$　M.W. = 68.08

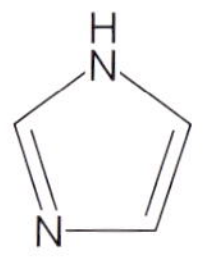

  ❶ イミダゾール4.08gを15mLの純水に加えて混合する。
  ❷ 純水で20mLにメスアップする。

- ■ 特性

  金属キレートカラムに吸着したHis-tag配列を持つタンパク質の溶出に用いる。

- ■ 保存

  4℃で保存する。

イミダゾール

【平衡化中性フェノール　phenol / equilibrated 】

- 調製試薬　平衡化中性フェノール　〜50mL
- ■ 使用試薬

  結晶フェノール　C_6H_5OH　M.W. = 94.11　劇物指定

  8-ヒドロキシキノリン　C_9H_7NO　M.W. = 145.2（最終濃度：0.1％(w/v)）

  2-メルカプトエタノール　C_2H_6OS　M.W. = 78.13（最終濃度：0.2％(w/v)）

  毒物および危険物指定

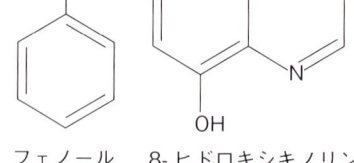

  0.5M EDTA水溶液（pH = 8.0，RNase free）（最終濃度：1mM）

  0.5M Tris塩酸バッファー（pH = 8.0，RNase free）

  0.1M Tris塩酸バッファー（pH = 8.0，RNase free）

  ❶ 結晶フェノール約40gをフタのできる容器に取り分け，そこに約30mLの0.5M Tris塩酸バッファーと8-ヒドロキシキノリン30mgを加える。
  ❷ フタをした容器を65℃のウォーターバスに浸け，結晶フェノールを完全に融解させる。
  ❸ 室温付近まで冷めた後，フタの閉まりを確認し，5〜10分間激しくシェイクする。
  ❹ 2,000rpmで5分間遠心して，上層（水層）をピペットで除く。
  ❺ そこに約30mLの0.5M Tris塩酸バッファーを加え，15分間激しくシェイクする。
  ❻ 2,000rpmで5分間遠心し，上層（水層）をピペットで除く。
  ❼ そこに約30mLの0.1M Tris塩酸バッファーを加え，15分間激しくシェイクする。
  ❽ 2,000rpmで5分間遠心し，上層（水層）をピペットで除く。
  ❾ フェノール層のpHをpH試験紙にて確認する。
  ❿ pHが7.8以上になるまで，操作❼〜❾を繰り返す。
  ⓫ pH調整後，約10mLの0.1M Tris塩酸バッファーを加え，さらに80μLの2-メルカプトエタノール，80μLの0.5M EDTA水溶液を加えて混合する。

- ■ 特性

  DNAの抽出や精製（除タンパク質など）に用いられる。フェノールは吸水性があるので，あらかじめバッファーで飽和しておく必要がある。酸性条件下では，DNAはフェノール層に分配されるため，フェノール層のpHを中性から弱アルカリ性に調整する。このようなpHではフェノールが酸化されやすいため，酸化防止剤として8-ヒドロキシキノリンを加える。

- ■ 注意

  フェノールは強力なタンパク質変性作用を持つ。また，腐食性が強く，皮膚についた場合薬品性のやけどを起こすため，手袋を必ず着用し，取扱いには注意すること。もし皮膚についた場合は速やかに大量の流水と石鹸で洗い流すこと。また，秤量の際こぼれてもいいように紙を敷くなどの配慮をすること。

- ■ 保存

  褐色に変わったものは使用不可。遮光ビンに入れ，4℃で保存する。

フェノール　8-ヒドロキシキノリン

【フェノール・クロロホルム・イソアミルアルコール混合液　phenol chloroform isoamyl alcohol（PCI）】

- 調製試薬　PCI（phenol：chloroform：isoamyl alcohol＝25：24：1）　110 mL
- ■ 使用試薬

  平衡化中性フェノール（RNase free）

  CIA（RNase free）

  0.1M Tris塩酸バッファー（pH＝8，RNase free）

  ❶ フタができるガラス容器中で，平衡化中性フェノール50mLとCIA 50mLを混合する。

  ❷ 生じた水層に，0.1M Tris塩酸バッファー約10mLを加えて混合する。

- ■ 特性

  核酸の抽出や精製に用いられる。イソアミルアルコールは，クロロホルムと水層との分離をよくする。フェノール抽出と比べてタンパク質変性効果は弱いが，水層との分離がよいため，フェノール抽出に引き続いて使うこともある。

- ■ 注意

  クロロホルムは揮発性の試薬のため，ドラフト内で扱うこと。

- ■ 保存

  遮光ビンに入れ，4℃で保存する（約1か月間の保存が可能）。

【制限酵素バッファー / High バッファー　restriction enzyme buffer / high】

- 調製試薬　10×highバッファー　1mL
- ■ 使用試薬

  1M Tris塩酸バッファー（pH＝7.5）（最終濃度：500mM）

  1M 塩化マグネシウム水溶液（最終濃度：100mM）

  1M DTT水溶液（最終濃度：10mM）

  5M 塩化ナトリウム水溶液（最終濃度：1M）

  ❶ 1M Tris塩酸バッファー500μL，1M 塩化マグネシウム水溶液100μL，1M DTT水溶液10μL，5M 塩化ナトリウム水溶液200μL，純水190μLを混合する。

- ■ 特性

  塩化ナトリウム100mM程度で最大活性を示す制限酵素の反応液。酵素反応溶液の1/10倍容量用いる。

- ■ 保存

  －20℃で保存する。

【制限酵素バッファー / Low バッファー　restriction enzyme buffer / low】

- 調製試薬　10×lowバッファー　1mL
- ■ 使用試薬

  1M Tris塩酸バッファー（pH＝7.5）（最終濃度：100mM）

  1M塩化マグネシウム水溶液（最終濃度：100mM）

  1M DTT水溶液（最終濃度：10mM）

  ❶ 1M Tris塩酸バッファー100μL，1M 塩化マグネシウム水溶液100μL，1M DTT水溶液10μL，純水790μLを混合する。

- ■ 特性

  低塩濃度条件で最大活性を示す制限酵素の反応液。酵素反応溶液の1/10倍容量用いる。

- ■ 保存

  －20℃で保存する。

【制限酵素バッファー / Medium バッファー　restriction enzyme buffer / medium】

- 調製試薬　10×medium バッファー　1mL

■ 使用試薬

1M Tris 塩酸バッファー（pH＝7.5）（最終濃度：100mM）
1M 塩化マグネシウム水溶液（最終濃度：100mM）
1M DTT 水溶液（最終濃度：10mM）
5M 塩化ナトリウム水溶液（最終濃度：500mM）

❶ 1M Tris 塩酸バッファー100μL，1M 塩化マグネシウム水溶液100μL，1M DTT 水溶液10μL，5M 塩化ナトリウム水溶液100μL，純水690μLを混合する。

■ 特性

塩化ナトリウム50mM程度で最大活性を示す制限酵素の反応液。酵素反応溶液の1/10倍容量用いる。

■ 保存

－20℃で保存する。

【アルカリ溶解法：溶液Ⅰ　solution Ⅰ for alkaline lysis method】

- 調製試薬　溶液Ⅰ　100mL

■ 使用試薬

D- グルコース　$C_6H_{12}O_6$　M.W.＝180.2（最終濃度：50mM）
1M Tris 塩酸バッファー（pH＝8.0）（最終濃度：25mM）
0.5M EDTA 水溶液（pH＝8.0）（最終濃度：10mM）

❶ D- グルコース900mg，1M Tris 塩酸バッファー2.5mL，0.5M EDTA 水溶液2.0mLを90mLの純水に加えて溶解する。
❷ 純水で100mLにメスアップする。
❸ オートクレーブ滅菌する。

■ 特性

低張の大腸菌懸濁液。プラスミドDNAを大腸菌からアルカリ溶解法で調製するときに用いる。

■ 保存

4℃で保存する。

D- グルコース

【アルカリ溶解法：溶液Ⅱ　solution Ⅱ for alkaline lysis method】

- 調製試薬　溶液Ⅱ　100mL

■ 使用試薬

5M 水酸化ナトリウム水溶液（最終濃度：200mM）
SDS（最終濃度：1%(w/v)）

❶ SDS 1.0g，5M 水酸化ナトリウム水溶液4.0mLを90mLの純水に加えて溶解する。
❷ 純水で100mLにメスアップする。

■ 特性

プラスミドDNAを大腸菌からアルカリ溶解法で調製するときに用いる。溶液Ⅰの次に用いる。細胞が溶解し，DNAやタンパク質などを変性させる。

■ 保存

室温で保存する。

【アルカリ溶解法：溶液Ⅲ　solution Ⅲ for alkaline lysis method】
- 調製試薬　溶液Ⅲ　100mL
- ■ 使用試薬

  酢酸カリウム　CH_3COOK　F.W. ＝ 98.14（最終濃度：3M）

  酢酸　CH_3COOH　M.W ＝ 60.05（最終濃度：2M）　危険物指定

  ❶ 酢酸カリウム29.4g，酢酸11.5mLを50mLの純水に加えて溶解する。

  ❷ 純水で100mLにメスアップする。

- ■ 特性

  プラスミドDNAを大腸菌からアルカリ溶解法で調製するときに用いる。溶液Ⅱの次に用いる。

- ■ 保存

  室温あるいは4℃で保存する。

【TE Tris-EDTA（pH ＝ 8.0）】
- 調製試薬　TE　100mL
- ■ 使用試薬

  1M Tris塩酸バッファー（最終濃度：10mM）

  0.5M EDTA水溶液（最終濃度：1mM）

  ❶ 1M Tris塩酸バッファー1.0mLと0.5M EDTA水溶液200μLを98.8mLの純水に加えて混合する。

  ❷ 密栓してオートクレーブ滅菌する。

- ■ 特性

  核酸の溶解，保存に用いる。

- ■ 保存

  室温あるいは4℃で保存する。

【TEN Tris-EDTA-NaCl　別名：STE（sodium chloride-Tris-EDTA）】
- 調製試薬　TEN　100mL
- ■ 使用試薬

  1M Tris塩酸バッファー（最終濃度：10mM）

  0.5M EDTA水溶液（最終濃度：1mM）

  5M 塩化ナトリウム水溶液（最終濃度：100mM）

  ❶ 1M Tris塩酸バッファー1.0mL，0.5M EDTA水溶液200μL，5M 塩化ナトリウム水溶液2.0mLを96.8mLの純水に加えて混合する。

  ❷ 密栓してオートクレーブ滅菌する。

- ■ 特性

  TEにNaClを加え，生理的塩濃度に近づけたもの。

- ■ 保存

  室温あるいは4℃で保存する。

6 大腸菌実験用試薬

【抗生物質　antibiotics】

- 調製試薬　　各種抗生物質保存溶液　10mL
- 使用試薬

　　アンピシリン（Amp）　$C_{16}H_{19}N_3O_4S$　M.W. = 349.4
　　カナマイシン（Kan）　$C_{18}H_{36}N_4O_{11}$　M.W. = 484.4
　　テトラサイクリン（Tet）　$C_{22}H_{24}N_2O_8$　M.W. = 444.4
　　ストレプトマイシン（Str）　$C_{21}H_{39}N_7O_{12}$　M.W. = 581.5
　　クロラムフェニコール（Cr）　$C_{11}H_{12}Cl_2N_2O_5$　M.W. = 323.1

❶　各種試薬の必要量を10mLの溶媒に溶解する。
❷　水溶液の場合は，ろ過滅菌する。

■ 注意
　オートクレーブした培地に抗生物質を加える際，失活しないよう，培地が冷めてから無菌的に加える。また，抗生物質入りのLB培地を用いて寒天培地を作製する場合は，寒天が冷え固まる前に加える。例えば，Ampを添加した寒天培地をLB Ampプレートと呼ぶ。

■ 特性
　各抗生物質の保存溶液と使用濃度を表3-6-1に示す。

表3-6-1　各種抗生物質の保存溶液濃度と使用溶液濃度

抗生物質名	ストック溶液 (mg/mL)	溶媒	使用濃度 (μg/mL)	使用範囲 (μg/mL)
アンピシリン	50	70%エタノール	100	20～200
カナマイシン	20	純水	20	10～50
テトラサイクリン	10	エタノール	20	10～50
ストレプトマイシン	10	純水	10	10～50
クロラムフェニコール	30	エタノール	30	30～170

■ 保存
　マイクロチューブに分注して−20℃で保存する。

【FTB　freeze-thaw buffer】

- 調製試薬　FTB　50mL
- 使用試薬

　　酢酸カリウム　CH_3COOK　F.W. = 98.15（最終濃度：10mM）
　　塩化マンガン（Ⅱ）四水和物　$MnCl_2 \cdot 4H_2O$　F.W. = 197.9（最終濃度：45mM）
　　塩化カルシウム二水和物　$CaCl_2 \cdot 2H_2O$　F.W. = 147.0（最終濃度：10mM）
　　ヘキサアンミンコバルト（Ⅲ）塩化物　F.W. = 267.5（最終濃度：3mM）
　　塩化カリウム　KCl　F.W. = 74.55（最終濃度：100mM）
　　グリセロール　$C_3H_8O_3$　M.W. = 92.09（最終濃度：10% (v/v)）

　❶　酢酸カリウム49.1mg，塩化マンガン（Ⅱ）四水和物445mg，塩化カルシウム二水和物73.5mg，ヘキサアンミンコバルト（Ⅲ）塩化物40.0mg，塩化カリウム373mgを35mLの純水に溶解する。
　❷　❶の溶液にグリセロール5.0gを加え，0.1M HCl水溶液でpH = 6.4に調整する。
　❸　純水で50mLにメスアップする。
　❹　ろ過滅菌する。

- 特性

　　コンピテントセルの作製に用いる。

- 保存

　　4℃で保存する。

【IPTG 水溶液　isopropyl β-D-1-thiogalactopyranoside (aq.)】

- 調製試薬　0.1M IPTG　5mL
- 使用試薬

　　IPTG（isopropyl β-D-1-thiogalactopyranoside）　$C_9H_{18}O_5S$　M.W. = 238.3

　❶　IPTG 119mgを5.0mLの純水に溶解する。
　❷　ろ過滅菌する。

- 特性

　　lac リプレッサーに結合する。大腸菌の遺伝子発現誘導の際，lacプロモーター支配下の遺伝子の誘導に用いる（第4部-⑲参照）。

- 保存

　　マイクロチューブに分注して−20℃で保存する。

【LB 寒天培地　LB agar plate】

- 寒天培地　400mL（プレート約20枚分）
- 使用試薬

　　寒天粉末（Bacto agarなど）（最終濃度：1.5% (w/v)）
　　LB培地

　❶　寒天粉末6.0gを400mLのLB培地に加え，オートクレーブして溶かす。
　❷　オートクレーブ終了後，熱いうちにスターラーで混ぜる。
　❸　抗生物質を加える必要がある場合は，65℃程度まで冷めてから加える。

- 特性

　　大腸菌のプレート培養に用いる。寒天溶液は90℃以上でゾル状態，40℃～室温でゲル状態を示す。

- 保存

　　ゲルが乾燥しないようにプレート数枚をラップフィルムで包み，4℃で保存する。

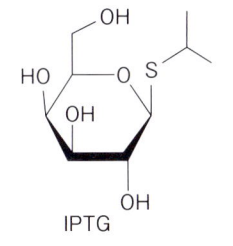

【LB 培地　Luria-Bertani medium】

- 調製試薬　LB 培地　100mL
- 使用試薬

　トリプトン（最終濃度：1% (w/v)）
　酵母エキス（最終濃度：0.5% (w/v)）
　塩化ナトリウム　NaCl　F.W. = 58.44（最終濃度：1% (w/v)）
　5M 水酸化ナトリウム水溶液

　❶　トリプトン 1.0g，酵母エキス 500mg，塩化ナトリウム 1.0g を 90mL の純水に溶解する。
　❷　5M 水酸化ナトリウム水溶液を約 20μL 加えて pH = 7.0 に調整する。
　❸　純水で 100mL にメスアップする。
　❹　オートクレーブ滅菌する。

- 保存

　室温あるいは 4℃で保存する。

【SOB 培地　SOB medium】

- 調製試薬　SOB 培地　100mL
- 使用試薬

　トリプトン（最終濃度：2% (w/v)）
　酵母エキス（最終濃度：0.5% (w/v)）
　塩化ナトリウム　NaCl　F.W. = 58.44（最終濃度：0.05% (w/v)）
　塩化カリウム　KCl　F.W. = 74.55（最終濃度：0.019% (w/v)）
　1M 塩化マグネシウム水溶液（最終濃度：10mM）
　5M 水酸化ナトリウム水溶液

　❶　トリプトン 2.0g，酵母エキス 500mg，塩化ナトリウム 50.0mg，塩化カリウム 18.6mg を 90mL の純水に溶解する。
　❷　5M 水酸化ナトリウム水溶液を約 20μL 加えて pH = 7.0 に調整する。
　❸　純水で 99mL にメスアップする。
　❹　オートクレーブ滅菌する。
　❺　室温まで冷めた後，滅菌済みの 1M 塩化マグネシウム水溶液 1.0mL を無菌的に加える。

- 特性

　形質転換の際に用いる。

- 保存

　室温あるいは 4℃で保存する。

【SOC 培地　SOC medium】

- 調製試薬　SOC 培地　100mL
- 使用試薬

　トリプトン（最終濃度：2% (w/v)）
　酵母エキス（最終濃度：0.5% (w/v)）
　D-グルコース　$C_6H_{12}O_6$　M.W. = 180.2（最終濃度：20mM）
　塩化ナトリウム　NaCl　F.W. = 58.44（最終濃度：0.05% (w/v)）
　塩化カリウム　KCl　F.W. = 74.55（最終濃度：0.019% (w/v)）
　1M 塩化マグネシウム水溶液（最終濃度：10mM）
　5M 水酸化ナトリウム水溶液

- ❶ トリプトン2.0g，酵母エキス500mg，塩化ナトリウム50.0mg，塩化カリウム18.6mgを90mLの純水に溶解する。
- ❷ 5M 水酸化ナトリウム水溶液を約20μL加えてpH＝7.0に調整する。
- ❸ 純水で97mLにメスアップする。
- ❹ オートクレーブ滅菌する。
- ❺ D-グルコース1.8gを10mLの純水に溶解し，ろ過滅菌する（1M D-グルコース水溶液の調製）。
- ❻ 室温まで冷めた後，滅菌済みの1M 塩化マグネシウム水溶液1.0mL，1M D-グルコース水溶液2.0mLを無菌的に加える。

■ 特性
形質転換の際に用いる。D-グルコースは細菌の増殖能を高めるため，トランスフェクションしたプラスミドDNA由来遺伝子の発現量を増やす効果がある。

■ 保存
室温あるいは4℃で保存する。

【X-gal 溶液　5-bromo-4-chloro-3-indolyl-β-D-galactoside (aq.)】

- ● 調製試薬　2% X-gal　5mL
- ■ 使用試薬

X-gal（5-bromo-4-chloro-3-indolyl-β-D-galactoside）　$C_{14}H_{15}BrClNO_6$
M.W.＝408.6

- ❶ X-gal 100mgを5.0mLのDMF（N, N-dimethylformamide）に溶解する。

■ 特性
β-ガラクトシダーゼ活性の有無を利用するブルーホワイトアッセイ法や，β-ガラクトシダーゼ活性測定の発色基質として用いる。

■ 保存
マイクロチューブに分注して－20℃で保存する。

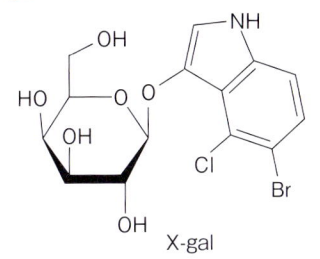

コラム【構造式の見方】
第3部に掲載している試薬の構造式について，正確に表せば左図のようになるが，本書では基本的に，炭素の元素記号，炭素－水素結合，そして炭素－水素結合の水素の元素記号を省略した右図のように表す。

実験の基本と原理

第4部 実験原理および用語解説

第4部では実験法の原理と，用語の意味・使い方を解説する。原理を理解することで，自分が行っている実験操作にどんな意味があり，目の前の試料や溶液の中で何が起こっているのかを具体的にイメージできるようになる。このイメージを持ちながら実験を行うのと，各ステップの理解があいまいな状態でプロトコルに従うのとでは，実験の楽しさも，そこから得られる洞察の深さも違ったものになる。

1 濃度の単位

濃度とは，物質中にある成分が存在する割合のことで，計量する値の種類によって多くの定義がある。試薬調製の際には，指定された濃度で作ることになるため，濃度の単位の意味を正しく理解しておくことが重要である。

① モル（mole，mol）

国際単位系（SI）における基本単位の1つであり，物質量を表す単位である。0.012kgの^{12}Cの中に存在する原子の数（約6.0×10^{23}個；アボガドロ数）と等しい数の要素粒子を含む系の物質量を1モルと定義する。モルを用いるとき，要素粒子を指定する必要があるが，それは原子，分子，イオン，電子，その他の粒子，またはこれらの粒子の集合体であってもよい。

② 溶質の濃度を示す単位

■モル濃度（M，mol/L）

溶液中に溶けているある溶質の濃度を表すのに，一般的に使用される単位である。溶液1L中に溶質aが1mol溶けているとき，この溶液中の溶質aのモル濃度は1M（モーラーと読む）である。

■質量濃度（g/L）

溶液1L中に含まれる溶質の質量で表す。核酸の定量などで用いる。

■重量モル濃度（mol/kg，mol/kg solvent）

溶媒1kg中に含まれる溶質のモル数で表す。分子生物学実験ではめったに用いられない。

③ 溶液中の成分の比率を示す単位

■パーセント（%）

溶液中の各成分の組成比を表すときに用いるものであり，溶液全体に対する割合を考えることで濃度を表す。主に以下の3種類が用いられる。

- 重量パーセント（%，w/w）：溶液全体の重量に対してある物質の重量が占める割合
- 重量体積パーセント（%，w/v）：溶液の体積（mL）に対してある物質の重量（g）が占める割合
- 体積パーセント（%，v/v）：溶液全体の体積に対してある物質の体積が占める割合

溶液に固体状の試薬を溶かすときや，粘性の高い液状の試薬を溶かすときには，試薬の体積が量れないか，あるいは量りにくいので，重量体積パーセントを用いる。液状の試薬を薄めるときは，体積が量りやすいので体積パーセントを用いる。

④ 何倍の濃度かを示す表記

標準的に使用する濃度の何倍濃い濃度の溶液であるかを示す。ストックソリューションの濃度表示として多用される。例えば10×は「10カケ」と読み〔英語では「ten x（エックス）」〕，標準的な使用濃度の10倍濃い溶液であることを示す。使用時には，10×溶液：純水＝1：9で薄める。薄めたものを「1×」（イチかけ）と言うこともある。

⑤ 接頭語

それぞれの単位には，以下のような整数乗倍の接頭語をつけることができる。分子生物学実験では，ミリ，マイクロ，ナノ，ピコなどがよく用いられるので，換算を手早く行えるようにしておくとよい。

名称	記号	大きさ
ヨタ（yotta）	Y	10^{24}
ゼタ（zetta）	Z	10^{21}
エクサ（exa）	E	10^{18}
ペタ（peta）	P	10^{15}
テラ（tera）	T	10^{12}
ギガ（giga）	G	10^{9}
メガ（mega）	M	10^{6}
キロ（kilo）	k	10^{3}
デシ（deci）	d	10^{-1}
センチ（centi）	c	10^{-2}
ミリ（milli）	m	10^{-3}
マイクロ（micro）	μ	10^{-6}
ナノ（nano）	n	10^{-9}
ピコ（pico）	p	10^{-12}
フェムト（femto）	f	10^{-15}
アト（atto）	a	10^{-18}
ゼプト（zepto）	z	10^{-21}
ヨクト（yocto）	y	10^{-24}

コラム【ダルトン（Da）について】

ダルトン（記号：Da）は，分子や原子の質量を表す単位である。1Daは，炭素の同位体 ^{12}C の1原子の質量の12分の1である。したがって，1Da＝1.66×10^{-27} kgとなる。分子1個の質量はダルトンで表されるが，数値的には分子量と同じである。しかし，分子量は1mol当たりの相対質量で無名数なので，ダルトンを分子量の単位として使用することは間違いである。

ダルトンという単位は，染色体，ウイルス，ミトコンドリア，リボソームなどの巨大分子複合体や分子会合体など，分子量の概念や定義を当てはめることができない分子複合体の全体の大きさを表現する適当な方法がないことから提案された単位であり，かつては分子複合体全体の質量を表記する場合に限定して非公式に使用されてきた。しかし，2006年に国際単位系（SI）との併用が認められている質量の単位として正式に承認され，現在では生命科学の領域において，分子複合体に加え，単体の分子の質量の単位としても使用されている。

❷ 緩衝作用

分子生物学を含む生化学実験では，緩衝溶液（buffer）を用いて実験することが多い。緩衝溶液には溶液のpHを安定させるはたらき（緩衝作用）がある。すなわち，反応中に大きなpH変化があると支障がある場合に，緩衝溶液を用いることになる。緩衝作用とは本来，"外からの作用に対して，その影響を和らげようとする作用"のことである。科学的には，多くの場合，溶液の水素イオン濃度変化に対して用いられ，ある程度の酸または塩基の添加あるいは除去，溶液の希釈に対して，ほぼ一定の水素イオン濃度を保つ作用のことをいう。弱酸とその塩，弱塩基とその塩の混合溶液は，このような緩衝作用を持つ。様々な緩衝溶液の調製法については第3部-③参照。

① 緩衝能について

緩衝溶液を用いる場合，pHの値だけでなく，緩衝能にも注意を払う必要がある。緩衝能は，緩衝容量，緩衝指数，緩衝係数，緩衝値などとも呼ばれ，緩衝溶液のpHが，加えられた酸や塩基に対してどの程度変化するかの程度を表す尺度である。

② Henderson-Hasselbalch 式

緩衝溶液のpHは，用いた酸の酸解離定数をpK_a，酸の濃度をC_A，塩の濃度をC_Sとすると，

$$pH \approx pK_a + \log \frac{C_S}{C_A}$$

と表せる。この式をHenderson-Hasselbalch式と呼ぶ。この式から，緩衝溶液に用いる酸は，設定したいpHに近いpK_aを持つものを選び，かつ緩衝能の大きな溶液を得るためには，酸と塩の濃度比を1に近づけ，できるだけ濃くするとよいことがわかる。

ただし，溶液の塩濃度は調べたい事柄により，単純に濃くすればよいものではないので，どのくらいのpH変化なら許容範囲かをよく考えて決定する。

❸ 寒剤

氷に塩を混ぜると0℃以下になるように，低温を得るために2種類以上の物質を混合したものを寒剤と呼ぶ。広義には，液体窒素などのように，冷却を目的として用いる物質であれば，単一化合物でも寒剤と呼ぶ（表4-3-1）。

氷にNaClを加えた場合，表面の水にNaClが溶解すると，その溶液はモル凝固点降下により，0℃以下でも液体の状態を保ち，固液界面でさらに氷を融かしていく。氷が融ける際に融解熱を吸収し，周囲の温度をさらに下げることで，低温が実現する。

表4-3-1 主な寒剤とその到達温度

寒剤	混合比（w/w）	最低温度（℃）
氷水	−	0
氷＋NaCl	1：0.3	−21
氷＋KCl	1：1	−30
氷＋エタノール	1：1	−30
氷＋$MgCl_2$	1：0.3	−33
氷＋$CaCl_2$	1：1.4	−54
氷＋ZnCl	1：1	−62
ドライアイス＋エタノール	−	−79*
ドライアイス＋アセトン	−	−86
液体窒素	−	−196

＊エタノールにはドライアイスの昇華点よりも温度を下げる効果はない。エタノールがこの温度でも凍らないので，チューブなどへの接触面積を増やす目的で用いている。

❹ 吸光光度法

物質には特定の波長の光（電磁波）を吸収する性質があり，それは物質の化学構造と深く関わっている。そこで，吸収される光の波長や度合を測定することで，その物質の同定や定量などが可能になる。このような物質の解析法を吸光光度法という。分光光度計（第2部-⑪参照）は，特定波長の光を試料に当て，試料を通過した光の強度を測る機械であり，吸光光度法には欠かせない機器である。分子生物学実験では，核酸やタンパク質の定量目的で使用することが多い。

① 吸光度（absorbance）

ある波長の光がある物質を通過するとき，その強さが I_0（入射光の強さ）から I（透過光の強さ）に変化したとする。このとき，I_0 に対する I の比（I/I_0）を透過度（t；transmittance）といい，透過度を百分率で表したものを透過率（T；percent transmittance）という。吸光度（A；absorbance）は，透過度の逆数の常用対数である。光学密度（O.D.；optical density）とも呼ばれる。

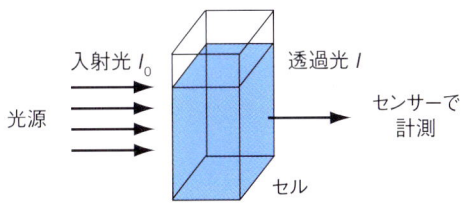

$t = I/I_0$
$T = t \times 100$
$A = \log_{10}(I_0/I) = \log_{10}t^{-1} = -\log_{10}t$

濃度が高い → 光の透過度が低い → 吸光度が高い

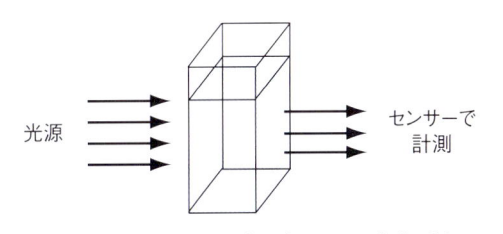

濃度が低い → 光の透過度が高い → 吸光度が低い

図4-4-1　濃度と吸光度の関係

② ランベルト・ベールの法則

光が均質な溶液を通過する際，吸光度は溶液濃度 c（mol/L）と溶液層の厚さ l（cm）に比例し（図4-4-1），その比例定数 ε ［モル吸光係数，$L/(mol \times cm)$］は波長に依存する物質固有のものである。この関係をランベルト・ベールの法則（Lambert-Beer's law）という。

$A = \varepsilon \times c \times l$

③ 吸光度による濃度決定

ランベルト・ベールの法則に基づいて，試料となる物質の ε がわかれば，試料を含む溶液の吸光度測定により，その濃度を求めることができる。実験では，あらかじめ濃度既知の溶液の吸光度を測定しておき，吸光度と濃度の関係をプロットした検量線（次項 第4部-⑤参照）を作成してこの ε の値を求め，これに試料の結果を当てはめて濃度を求めることも多い。

核酸溶液やタンパク質溶液の場合は，含まれる構成成分によって ε を予測することができるので，検量線を使わずに定量することも可能である。核酸は波長260nm付近の光を吸収することが知られており，その大きさは塩基数に比例する。また，モル数が同じ場合，塩基数が倍の核酸は質量が倍になる。そこで，核酸の定量においては吸光度を質量濃度（g/L）に換算することが多い。中性付近で260nmの吸光度（A_{260}）が1である核酸溶液の濃度は，塩基の種類に偏りのない二本鎖DNAで50mg/L（μg/mL），一本鎖DNAで37mg/L，一本鎖RNAで40mg/Lとなる。質量濃度を分子量で割れば，モル濃度へ換算することもできる。

タンパク質の場合，トリプトファンとチロシンという2つのアミノ酸，および分子内に存在するS-S結合が280nm付近の光を吸収することが知られている。中性のタンパク質溶液の280nmにおける ε は下の式で求められることが多い。

$\varepsilon_{280} = (5690 \times \text{トリプトファンの数}) + (1280 \times \text{チロシンの数}) + (120 \times \text{S-S結合の数})$

異なる論文に基づく他の式もいくつか存在するが，ε も質量濃度も正確な値は検量線から求めるほかなく，あくまで簡易定量であるという位置づけであれば，どれを使用してもよいだろう．また，アミノ酸組成が不明な場合には，$A_{280}=1$ のタンパク質溶液の濃度を1g/Lと粗く近似することもある．

なお，核酸溶液の A_{260}/A_{280} は通常1.8以上であり，A_{260}/A_{280} の値がそれ以下，つまり分母である A_{280} が大きい場合は，タンパク質やフェノールが混入した純度の低い試料であると考えられる．逆に，タンパク質溶液の A_{260}/A_{280} が1.5以上あるようならば，核酸の混入が疑われる．

> **コラム【吸光度としての O.D. と物質量としての O.D.】**
>
> Optical Density（OD，O.D.）と吸光度（absorbance）は，どちらも光の透過度の逆数の常用対数として定義される数値である．一般的には透明な溶液においてエネルギー吸収に基づく吸光を示す指標として吸光度を，懸濁液などにおいて散乱や乱反射の影響まで含めた濁度の指標としてO.D.が用いられる．通常，大腸菌の培養液は600nm付近の濁度を測定することで，細胞数を推定している．DNA溶液の場合，核酸塩基の紫外吸収は A_{260}（Absorbance at 260nm）で表すが，O.D.を用いて物質量を表す方法が現在も慣用的に用いられている．1.0 O.D.のDNAとは，溶解して1mLの水溶液としたとき，光路長1cmのセルで260nmの吸光度を測定すると1.0となるDNA量を指す．

❺ 検量線を用いた定量

検量線（calibration curve）とは，既知の物質の量や濃度，酵素の活性など標準物質とそれに対する何らかの装置を用いた測定結果の関係を示したグラフのことである．検量線を用いると，未知物質の量や濃度，酵素の活性などを求めることができる．標準曲線（standard curve）とも呼ばれる．

一般に，ある計測装置による測定で得られるデータは，求めたい量そのものではない．そのため，複数の既知量の標準物質（測定したい物質と同一，または共通の性質を持つ物質）に対して測定データを得ることで，測定により直接得られるデータと求めたい量との間の関係を調べる．それによって，未知物質の測定により得られたデータから未知物質の量や濃度，活性などを求めることができる．標準物質は想定される未知物質の量や濃度，活性を含む範囲で複数点測定する必要があるが，範囲外の場合でも関係が直線的である場合など，実測値の関係がそのまま拡張できることが予想される場合には，その数値を推定することができる（外挿法）．

通常，測定結果は横軸に量を，縦軸に測定値をとるようにプロットし，最小二乗法などによりグラフ化する．グラフは直線が望ましいが，直線にならない場合は回帰曲線を描いて用いる．

一般論を文章で書くとイメージしにくいので，以下に具体例を挙げて説明する．前項「吸光光度法」にあるように，物質が光を吸収する際，濃度が希薄であれば，ランベルト・ベールの法則が成り立つ．つまり吸光度は濃度に比例するので，いくつかの濃度の試料に対し吸光度を測定すると，図4-5-1のような検量線が得られ，未知試料の濃度を求めることができる．

また，アガロースゲル電気泳動やSDS-PAGEにおいて，マーカー（既知サイズのDNAやタンパク質）の移動度から未知試料（プラスミドやタンパク質）のサイズを求めるのにも検量線を利用する．

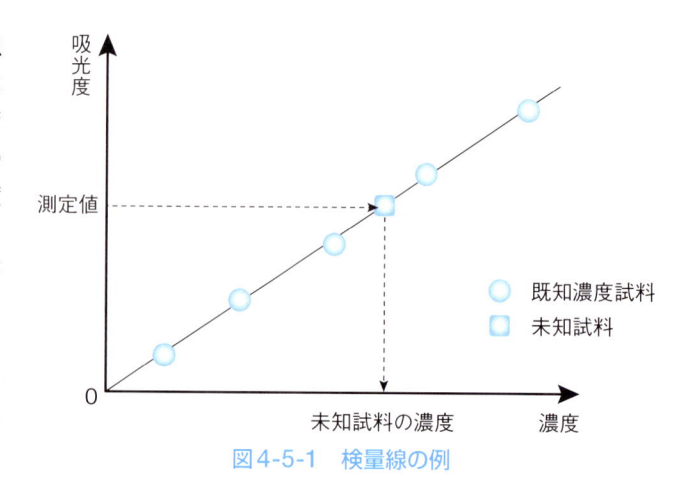

図4-5-1 検量線の例

6 遠心による物質の分離および精製

　一定の角速度で回転する座標系には遠心力場が存在し，その中にある物体には遠心力が働く。溶液中の溶質に働く遠心力による溶質の移動を沈降といい，これを利用すると，細胞，細胞小器官，あるいは核酸やタンパク質などの生体高分子を沈降させることができ，それらの分離・解析を行える。この目的のために，試料溶液を入れた容器をローターに入れて，高速で回転する装置を遠心機（第2部-⑮参照）といい，この操作を遠心という。ここでは，遠心分離の基礎的知識について説明する。

① 遠心分離の原理

　読者の中には，子どものころに経験したことがある方もいるかもしれないが，試験管に砂と水を入れ，よくかき混ぜた後に静置しておくと，砂の粒子の中で重いものは速く，軽いものはゆっくりと沈降し，粒子の重さの順に試験管の底に分離・堆積していく様子が見られる。一方，微小で非常に軽い粒子は沈降せず，上層に濁った液として残る（図4-6-1）。これは，沈降速度が粒子にかかる重力と水から受ける摩擦力，拡散させようとする力（拡散力）などの要因によって決まるためであり，特に，微小で非常に軽い粒子では，粒子にかかる重力に比べて拡散力が大きいため沈降しにくい。このように，重力を利用して，砂の粒子を重さの順に沈降分離することができる。

　次に，この試験管を図4-6-2のように回転させてやると，重力だけでは沈降しなかった微小な粒子も沈降していく。これは，回転している試験管中の粒子には遠心力が働き，この遠心力が微小粒子の拡散力よりも大きくなったためである。この原理を利用して，様々な物質の分離・精製を行うのが遠心分離である。

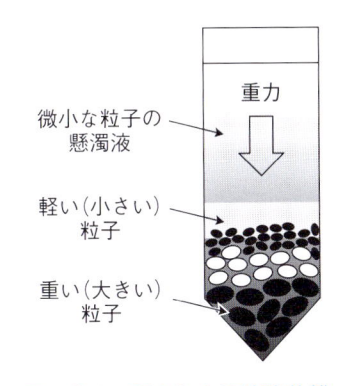

図4-6-1　重力による沈降分離

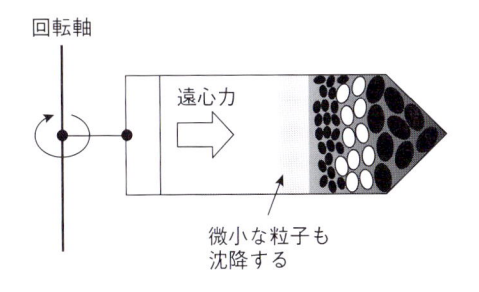

図4-6-2　遠心力による沈降分離

② 遠心力について

　回転するローターの中にある溶液の溶質には，遠心力が働く。質量mの粒子を，回転半径r，回転角速度ωで回転させると，遠心加速度$r\omega^2$（centrifugal acceleration）が発生し，その粒子には遠心力F（centrifugal force）が働く（図4-6-3）。遠心力Fは次の式1で表すことができる。

$$F = mr\omega^2 \quad \cdots\cdots\cdots 式1$$

m：粒子の質量
r：回転半径
ω：回転角速度

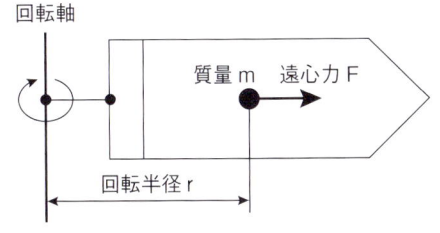

図4-6-3　粒子に働く遠心力

一般に，遠心分離を行う場合には，遠心加速度の単位として，地球の重力加速度との比で表した相対遠心加速度（relative centrifugal force；RCF，単位は重量加速度g）を用いる。相対遠心加速度は質量に依存せず，次の式2で表すことができる。

$$RCF = 11.18 \times (N/1000)^2 \times r \quad \cdots\cdots 式2$$

　r ：回転半径（cm）
　N：1分間当たりの回転数（rpm）

　この式はいちいち計算するには繁雑なので，普通はノモグラフを用いて求める（第2部-⑮参照）。

③ 密度勾配遠心分離法（density-gradient centrifugation）

　核酸やタンパク質といった生体高分子物質を遠心分離で分離するとき，媒体の密度勾配を利用して行う方法を密度勾配遠心分離法といい，沈降速度法と等密度遠心分離法に大別される。

沈降速度法：

　沈降速度法では，試料は沈降係数の違いに基づいて分離される。媒体には，スクロースなど拡散係数が比較的小さいものを用い，遠心前にあらかじめ遠心管内に上部から下部へ密度が大きくなる密度勾配を形成しておく。この密度勾配ができた媒体の上に，生体高分子物質を含む試料溶液をバンド状に静かに重層する。これを遠心すると，沈降係数の大きいものほど早く沈降し，遠心管中で下部から重さの順にバンド状に分子が並び，分離することができる。この方法における密度勾配の意味は，系を物理的に安定化し，乱流が生じるのを防ぐことである。また，スクロース溶液の最小密度を試料溶液よりも高密度にすることで，試料溶液がそのまま沈むのを防ぐ。スクロースのほか，グリセロールなども用いられる。

等密度遠心分離法：

　等密度遠心分離法は，遠心が平衡に達したときに，試料に含まれる生体高分子物質が，その密度と等しい媒体の密度部位に収束することを利用して分離する方法である。この場合には，媒体として塩化セシウムなどの高密度で拡散係数の大きなものを選び，はじめは一様な濃度の媒体が，遠心平衡に達する過程で自発的に形成する濃度勾配を利用するのが一般的である。遠心管に塩化セシウム水溶液を入れ，これを超遠心機などで高速で長時間遠心すると，遠心管中で上部から下部へ密度が大きくなる濃度勾配ができる。このとき，数種類の生体高分子物質を含む試料をあらかじめ溶液中に加えて遠心すると，遠心により生じた密度勾配中で，生体高分子物質は各々の密度と等しい媒体密度部位に集まり，バンド状になる。遠心終了後，それぞれの部分を取り出すことで分離が可能になる。塩化セシウムのほか，硫酸セシウムやフィコールなども用いられる。

参考URL）　日立工機株式会社ホームページ　遠心理論
　　　　　　（http://www.hitachi-koki.co.jp/himac/support/index.html）

7 大腸菌とその増殖

① 大腸菌

大腸菌（*Escherichia coli*；*E. coli*）は分子生物学実験に頻用される原核微生物のモデル生物であり，短径0.5μm，長径2〜4μm程度のグラム陰性桿菌である（図4-7-1）。属名の*Escherichia*は，日本語ではエスケリキア属であるが，英語では「エシェリキア コウライ」となる。種小名の*coli*は大腸を意味するcolonに由来し，その名の通りヒトを含む恒温動物の大腸内に豊富に存在する。至適温度もヒトの体温に近い37℃前後である。また，pH4.3〜9.5と細菌の中では比較的広い水素イオン濃度環境下で生育可能であるが，最適範囲はpH6.0〜7.0程度である。通性嫌気性菌であり，酸素の有無にかかわらず生育可能であるが，酸素があるときには呼吸によってエネルギーを得ることができるため，嫌気条件よりも増殖が早い。

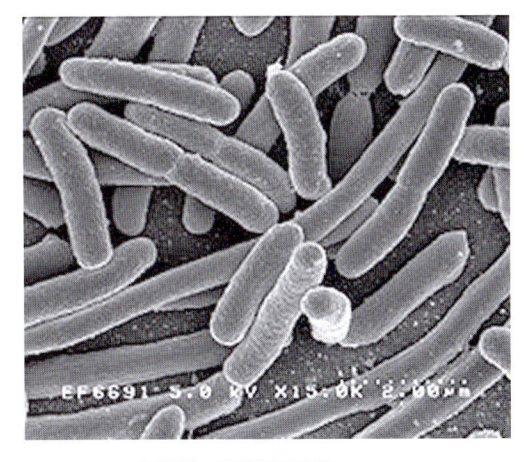

図4-7-1　大腸菌の顕微鏡写真

② 大腸菌の増殖

大腸菌は，最適条件では1時間に2〜3回分裂（倍加時間は20〜30分）し，栄養不足や培地中への代謝産物の蓄積などにより増殖速度が鈍るまでは指数関数的に増殖する。一般に，新しい培地に菌を植え継いだ場合，誘導期→対数増殖期→定常期→対数死滅期が観察される。図4-7-2に，実際の学生実験で測定した大腸菌培養液の濁度（第4部-④コラム参照）の時間変化を示した。

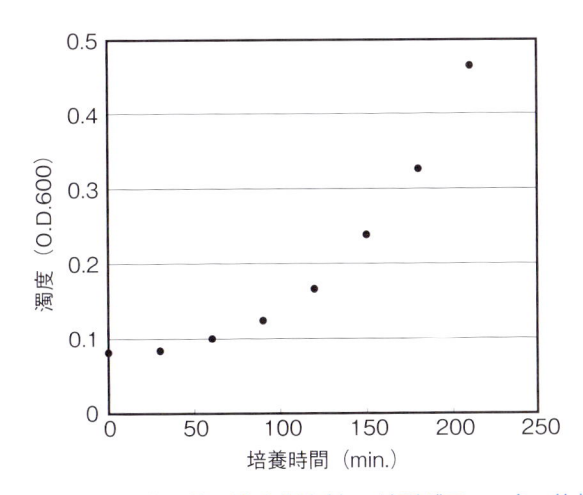

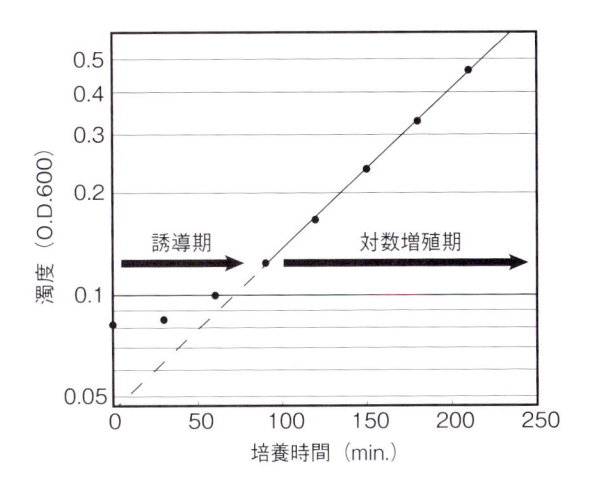

図4-7-2　大腸菌の増殖曲線（左：線形グラフ，右：片対数グラフ）

左に示した線形グラフでは，どの時点から対数増殖しているかを判断することは難しいが，右の片対数グラフにすることで，直線的に増殖しているところが対数増殖期であると判断することができる。この例では，図中に直線を示した通り，培養開始後90分間経過後に対数増殖している。なお，この実験はやや増殖が遅い25℃での培養であり，倍加時間は約60分という結果であった。誘導期にはRNA合成とタンパク質合成が盛んに行われ，菌の体積と濁度は増えるが，菌体数はあまり増加しない。対数増殖期にある菌をあらかじめ培養温度にしておいた培地に加えた場合には，誘導期がほとんど認められない。

③ 分子生物学実験における大腸菌

大腸菌は $4.7×10^6$ bpのゲノムDNAを持ち，その全塩基配列は1997年に発表されている。大腸菌には，ゲノムDNAと独立に複製可能なプラスミドDNA（第4部-⑨参照）と呼ばれる環状二本鎖DNAを持つものがあり，これが大腸菌間での遺伝情報のやりとりを媒介している。自然界では，性線毛（F線毛）をもたらすF因子をはじめとして，多くのプラスミドDNAが見られる。分子生物学実験では，プラスミドDNAに外来性の遺伝子を組み込み，大腸菌に導入（形質転換，第4部-⑰参照）することが多い。

形質転換を行った遺伝子組換え体の大腸菌は，菌体同士が十分に離れるよう希釈して寒天プレートに播き，菌体1つから複製して生じる，同一の遺伝情報を持つ菌体群（コロニー）を形成させる。この操作をクローニングという。最適条件で一晩培養すれば，コロニーは寒天プレート上で直径1～2mmほどに成長する。1つのコロニーを直径2mm，高さ1mmの半球であると仮定し，大腸菌を短径0.5μm，長径3μmの円柱であると仮定すると，間隙を考えない単純な体積の割り算からは，1つのコロニーが約30億の大腸菌の塊であると予想できる。

形質転換効率（第4部-⑱）を求めるときなどは，寒天培地に生えたコロニー数を計測しなければならない。コロニー数の計測に適しているのは，数十～数百のコロニーが生えたプレートである。寒天プレートの裏側からペンでコロニーをマークし，基本的には出現しているコロニーすべてをカウントする。コロニー数が多くて密集している場合には，プレートを $1cm^2$ ごとに区画化し，その中からランダムに選んだ5か所以上のコロニー数を数えることで，$1cm^2$ あたりの平均コロニー数（個/cm^2）を算出する。この平均コロニー数にプレートの面積（一般的な直径8.5cmのプラスチックシャーレは約$56cm^2$）を掛けることで，プレート1枚当たりの全コロニー数を予測できる。

⑧ 大腸菌の株と歴史

分子生物学における大腸菌の歴史には，プラスミドの歴史（第4部-⑩参照）のような必然が存在しないようである。現在，数百種類の大腸菌株が容易に入手できるが，ほとんどのものは*E. coli* K12と呼ばれる株から派生したものである。K12という名称は，この株が単離されたスタンフォード大学での単なる管理番号で，特別な意味を持たない。スタンフォード大学の研究者がたまたまこの株を研究材料にしたことに端を発して，遺伝的に均質な実験材料が必要な生化学的研究に広く用いられるようになったようである。その後は，遺伝学的な興味や生化学的な興味から，紫外線や化学物質による突然変異体の作製を通して，様々な株が作られていった。効率のよいコンピテントセル（第4部-⑰参照）の作製法を開発したD. Hanahanは，自らのイニシャルをとったDHシリーズの大腸菌株を開発しているが，そのもととなったMM株（これも開発者のM. Meselsonのイニシャルであろう）はどうやらK12株由来であるらしい。1980年代以前の論文には，遺伝子型と大腸菌株の名称だけが示されたものも多く，系統を網羅的に追跡するのはきわめて困難である。

遺伝子組換えに用いる宿主としては，①外来遺伝子を分解しない，②遺伝子組換えを起こさない，③発現するタンパク質を分解しない，といった性質を有することが重要である。

① 外来遺伝子を分解しない

K12株において*hsdRMS*，*mcrABC*，*mrr*という3種類の遺伝子座が外来遺伝子の分解に関与している。*hsd*は，特定配列に含まれるアデニンの N^6 位メチル化を目印として，メチル化されていない場合にDNAを分解する。*mcr*と*mrr*は逆にメチル化されている部位を認識してDNAを分解する。*mcr*では特定配列に含まれるシトシンの5位メチル化を，*mrr*では特定配列に含まれるアデニンの N^6 位メチル化をそれぞれ目印として，DNAを分解する。これらの遺伝子は*mcrC-mcrB-hsdS-hsdM-hsdR-mrr*の順に連続して存在しているので，実験に用いられる多くの大腸菌株はΔ(*mcrC-mcrB-hsdS-hsdM-hsdR-mrr*)[*1]の遺伝子型を持ち，すべての制限系（第4部-⑯参照）を欠損させてある。しかし，制限系の一部のみが欠損する株を用いた場合には，プラスミドに対してメチル化が生じたり，予期せぬ切断が起こったりすることがありうるので，遺伝子型をしっかり確認する必要がある。

＊1　同じ遺伝子型を表すのに，Δ(*mcrC-mrr*)やΔ(*mcrCB-hsdSMR-mrr*)，あるいは逆の順番で示したΔ(*mrr-hsdRMS-mcrBC*)などのように記述することがある。

② 遺伝子組換えを起こさない

recA，*recB*，*recC*，*recD*，*recF*，*recJ* の6つの遺伝子が組換えに関与している。しかし，制限系の遺伝子と異なり，完全欠損は大腸菌の正しい生育を阻害するため，*recA* のみの欠損株を用いることが多い。

③ 発現するタンパク質を分解しない

積極的にタンパク質分解系の遺伝子を欠損させると，大腸菌の生活環も大きく影響を受けるため，特定の分解酵素1種類だけを欠損させた株がいくつも存在する。自分の実験でどの株が適しているかをあらかじめ知ることは困難であるため，何種類かの株で発現させることが多い。遺伝子組換え実験において制限の少ない認定宿主として，K12株に加えて *E. coli* B株が指定されているが，B株はプロテアーゼ遺伝子を欠損している(*lon*，*ompT*)。このため，B株は一般的に遺伝子導入効率が低く扱いにくいとされているにもかかわらず，現在でもタンパク質発現用の宿主として利用されることが多い。

大腸菌（およびプラスミド）の遺伝子型は，慣れないと理解しがたいかもしれないが，簡単なルールに従って記述してある。基本的には，(K12株を基準として) 欠失させた遺伝子名の3文字表記を斜体で列挙するが，前述した制限系の遺伝子型のように，連続した領域の欠損はΔ( )の中に欠損させる領域に含まれる遺伝子名を記述する。また，ルールに従えば遺伝子が存在することは記述する必要はないが，特に遺伝子の存在を強調したい場合には，遺伝子名の右肩にプラスをつけて記述することがある。同様に，欠損していることを強調したい場合は遺伝子名の右肩にマイナスをつける。一方，独立に遺伝情報を持つF因子やファージ，トランスポゾンなどに関しては，F'，λ，Tn5のように右肩の記号がない場合には存在することを表し，存在しない場合には記述しないあるいはマイナスつきで表すので，注意する必要がある。これらの存在によって導入される遺伝子は，F'[*lac I*^{q}]のように，後ろにカギカッコをつけてその中に示す。また，表現型を併記するほうが便利な場合には，Tn5(Kan^r)などのようにカッコ内に一文字目を大文字とした表現型を示す。トランスポゾンに関しては，遺伝子名::Tnの形で，トランスポゾンが挿入された(破壊された)遺伝子名を示すことがある。

以下に，代表的なK12株由来の大腸菌株とその遺伝子型を示しておく。

DH5   *supE*44, *hsdR*17, *recA*1, *endA*1, *gyrA*96, *thi*-1, *relA*1

DH5α   F$^-$, Φ80d *lacZ* Δ M15, Δ (*lacZYA-argF*) U169, *deoR*, *recA*1, *endA*1, *hsdR*17 (r$_K^-$m$_K^+$), *phoA*, *supE*44, λ$^-$, *thi*-1, *gyrA*96, *relA*1

HB101   *supE*44, Δ (*mcrC-mrr*), *recA*13, *ara*-14, *proA*2, *lacY*1, *galK*2, *rpsL*20, *xyl*-5, *mtl*-1, *leuB*6, *thi*-1

JM109   *recA*1, *endA*1, *gyrA*96, *thi*, *hsdR*17 (r$_K^-$m$_K^+$), *e14*$^-$ (*mcrA*$^-$), *supE*44, *relA*1, Δ (*lac-proAB*) /F'[*traD*36, *proAB*$^+$, *lac I*^{q}, *lacZ* Δ M15]

MV1184   *ara*, Δ (*lac-proAB*), *rpsL* (Str^r), *thi* (Φ80 *lacZ* Δ M15), Δ (*srl-recA*)306::Tn10 (Tet^r) /F'[*traD*36, *proAB*$^+$, *lac I*^{q}, *lacZ* Δ M15]

TG1   *supE*, *hsd* Δ 5, *thi*, Δ (*lac-proAB*) /F'[*traD*36, *proAB*$^+$, *lac I*^{q}, *lacZ* Δ M15]

TOP10   F$^-$, *mcrA*, Δ (*mrr-hsdRMS-mcrBC*) Φ80 *lacZ* Δ M15, Δ *lac X* 74, *recA*1, *araD*139, Δ (*ara-leu*) 7697, *galU*, *galK*, *rpsL* (Str^r), *endA*1, *nupG*

TOP10F'   *mcrA*, Δ (*mrr-hsdRMS-mcrBC*) Φ80 *lacZ* Δ M15, Δ *lac X* 74, *recA*1, *araD*139, Δ (*ara-leu*) 7697, *galU*, *galK*, *rpsL* (Str^r), *endA*1, *nupG*/F'[*lac I*^{q}, Tn10 (Tet^r)]

9 プラスミド

　プラスミドDNA（plasmid DNA）は、微生物の細胞質に存在し、ゲノムDNAと独立に複製して遺伝情報を保持することができる閉環状二本鎖DNAである。単にプラスミドとも呼ばれる。大腸菌の遺伝子組換えにおいては、プラスミドに外来性の遺伝子を組み込み、コンピテントセル（第4部-⑰参照）に導入することで大腸菌を形質転換し、外来性の遺伝情報を発現する遺伝子組換え大腸菌を作製する実験系が多用される。分子生物学実験には、必要な要素のみを組み合わせた様々なプラスミドが開発され、利用されている。

　プラスミドがどのような要素からどのように構成されているかは、プラスミドマップから知ることができる。プラスミドマップには、遺伝子組換えをするうえで必要な情報が簡潔にまとめられている。Clontech社のpAmCyanを例にとると、図4-9-1のようなプラスミドマップがメーカーから提供されている（図内の青字部分は説明のため本書にて補足）。

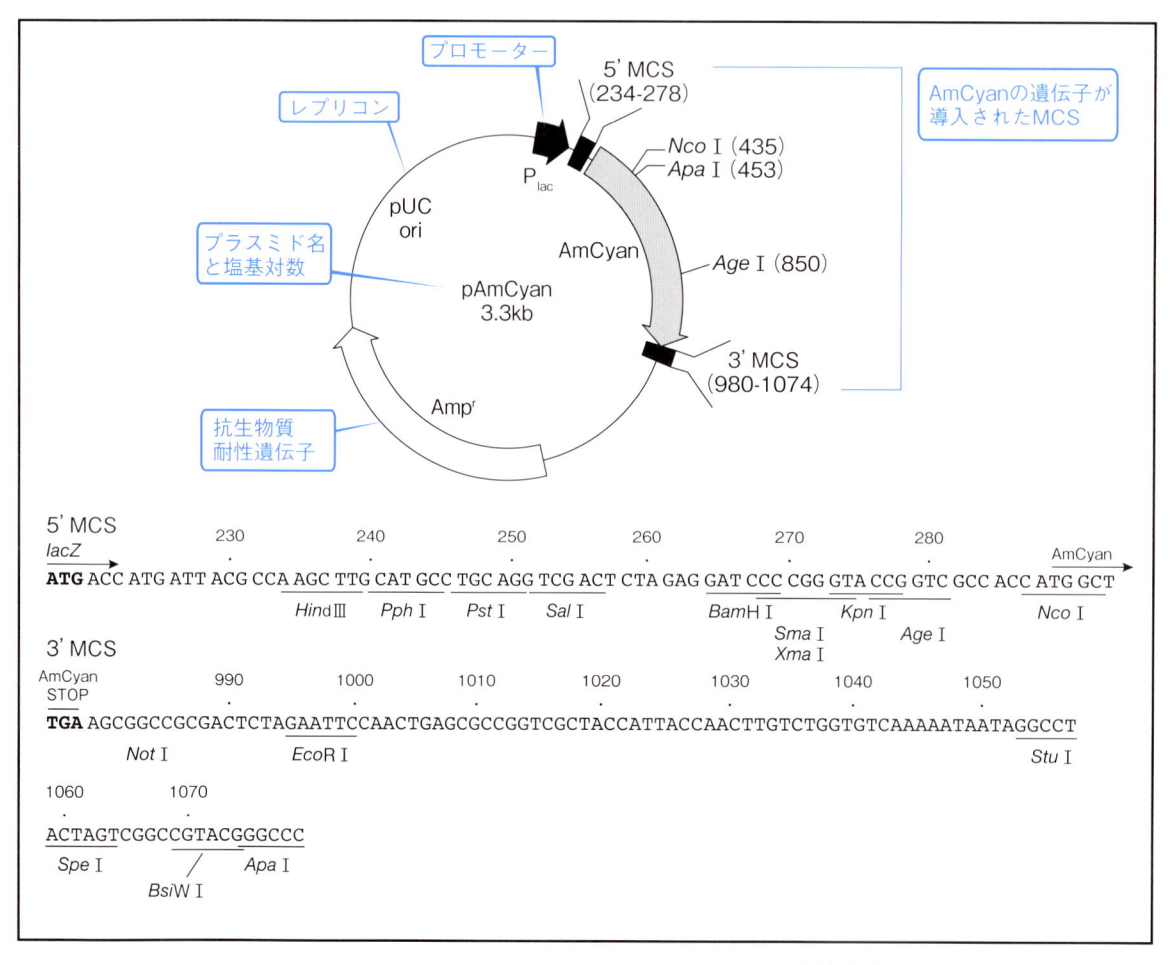

©2010 Clontech Laboratories, Inc.

図4-9-1　pAmCyanのプラスミドマップ
図の下半分に記載されている情報はMCSの塩基配列。
Clontech社 pAmCyan Vector Informationより改変。

プラスミドマップに示されているのは，プラスミド名と塩基対数の他，レプリコン（複製開始点付近の，プラスミドの複製方式やコピー数を決めている部分），MCS（multiple cloning site；多くの制限酵素サイトが1か所に集められており，外来遺伝子が導入される部分），プロモーター（遺伝子の上流にあって，その遺伝子の転写を制御する配列），および遺伝子である。いずれの要素に関しても，種類と相対位置がわかるように示されている。遺伝子は転写方向が矢印で示され，遺伝子名が添えられる。この例では，ラクトースプロモーター（P_{lac}）支配下，MCSにAmCyanの遺伝子が導入されていることが見て取れる。また別にアンピシリン耐性遺伝子（Amp^r）が存在するため，宿主には獲得形質としてアンピシリン耐性が付与されることもわかる。なお，同一プラスミド上に転写の方向が逆の遺伝子も存在しうる。プラスミドマップに示されている番号は，通常レプリコンの複製開始点を基点にし，導入遺伝子を支配するプロモーターの向きに付される。

　また，組み込んだ遺伝子とそれによって分断されたMCS（5' MCSと3' MCS）の詳細な塩基配列が提供されていることもある。その場合，通常は2本鎖のうちmRNAと同じ塩基配列を持つ鎖のみが示される。また通常は，塩基配列には制限酵素サイトや開始コドンなどの位置が記される。場合によっては下に示すように，プラスミドの主要な構成要素について，どの位置に存在するかが複製開始点を基点とした番号と共に列挙されているだけの場合もある（図4-9-2）。その他，組み込んである遺伝子や発現するタンパク質に関する情報，プラスミドの使用に関する注意事項，参考論文などが文章で付記されていることが多い。

Location of features
- *lac* promoter: 95–178
    - CAP binding site: 111–124
    - −35 region: 143–148; −10 region: 167–172
    - Transcription start point: 179
    - *lac* operator: 179–199
- *lacZ*-AmCyan fusion protein expressed in *E. coli*
    - Ribosome binding site: 206–209
    - Start codon (ATG): 217–219; stop codon: 976–978
- 5' Multiple Cloning Site (MCS): 234–278
- *Anemonia majano* cyan fluorescent protein (AmCyan) gene
    - Kozak consensus translation initiation site: 282–292
    - Start codon (ATG): 289–291; stop codon: 976–978
    - Asn-34 to Ser mutation (A→G): 389
    - Lys-68 to Met mutation (A→T; A→G): 491; 429
- 3' Multiple Cloning Site (MCS): 980–1074
- Ampicillin resistance gene
    - Promoter: −35 region: 1455–1460; −10 region: 1478–1483
    - Transcription start point: 1490
    - Ribosome binding site: 1513–1517
    - β-lactamase coding sequences:
        - Start codon (ATG): 1525–1527; stop codon: 2383–2385
        - β-lactamase signal peptide: 1525–1593
        - β-lactamase mature protein: 1594–2382
- pUC plasmid replication origin: 2533–3176

©2010 Clontech Laboratories, Inc.

図4-9-2　プラスミドの付記情報の例
Clontech社 pAmCyan Vector Informationより転載。

⑩ プラスミドの歴史と利用される代表的遺伝子

① プラスミドの歴史

　大腸菌の遺伝子組換えは，制限酵素の単離が1968年に，次いでT4 DNAリガーゼの単離が1970年に達成された直後から急速に進展した。1972年には，スタンフォード大学のP. Bergが異種遺伝子の連結に成功し，翌1973年には，スタンフォード大学のS.N. Cohenとカリフォルニア大学のH.W. Boyerらが連名で，EcoRⅠ切断サイトに外来遺伝子を導入することが可能な，遺伝子組換え用のpSCシリーズのプラスミドを論文発表した。Boyerの研究室ではその後，別のpMB8プラスミドにpSCプラスミドのテトラサイクリン耐性遺伝子を組み込んだpMB9プラスミドを作製したが，このpMB9がその後の様々な汎用プラスミドのもとになっている。pMBシリーズのプラスミドは共通にpMB1の複製開始点付近の配列（pMB1レプリコン，あるいはcolE1レプリコン）を有しており，大腸菌内で15〜20コピー存在するよう，安定的に複製する性質を持つ。

　pMB9はテトラサイクリン耐性（Tet^r）遺伝子を選択マーカー遺伝子として有していたが，遺伝子組換えに重要な制限酵素のユニークサイト（1か所切断部位）のうち半数がTet^{r}遺伝子内にあった。そこで，利用可能な制限酵素サイトを増やすため，Boyerの研究室に在籍していたF. BolivarとR. RodoriguezがpMB9に別の薬剤耐性（アンピシリン耐性，Amp^r）遺伝子を導入した。1977年に発表されたこのベクターが，現在でも広く用いられるpBR322を含むpBRシリーズのプラスミドである。ちなみにpBRは，プラスミドを示す小文字のpに続けて，BolivarとRodoriguezのイニシャルが示された名前である。

　現在の遺伝子組換え用プラスミドには，多くの制限酵素サイトが1か所に集められたMCS（multiple cloning site）が存在するが，カリフォルニア大学のJ. Messingが1981年に発表したM13 mp7（1980年にはすでにMessingのプロトコルと共に市販されていたようだが）がその起源である。M13 mp7は，現在もほぼ変わらぬ形で利用されるMCSをlacリプレッサー支配下のβガラクトシダーゼN末端配列の一部に組み込んだ配列を有しており，この領域が他のプラスミドへ移植されていった。Messingはこの領域を，アンピシリン耐性遺伝子とcolE1レプリコンを含むpBR322の断片と融合して，pUCシリーズのベクターを作製している。pUCシリーズのベクターは，colE1レプリコンに変異が入っており，大腸菌内で500コピー以上存在する高コピー数プラスミドである。1985年には，改良型のベクターとしてM13 mp18，pUC19が発表されたが，この論文中で用いられた大腸菌がJM109である。M13 mp18，pUC19，JM109のいずれも，重要な研究材料として現在に至るまで頻用され続けている。なお，pUCのUCは，カリフォルニア大学（University of California）の略であり，JMはMessingのイニシャルである。

　プラスミドベクターに含まれるべき要素には，複製開始点を含むレプリコンと薬剤耐性遺伝子，外来遺伝子の導入部位となるMCSを含む導入レポーター遺伝子が不可欠である。さらに，遺伝子発現調節領域や，発現したタンパク質の精製用タグ配列などが含まれている。

② レプリコン

　プラスミドの複製様式やコピー数は，レプリコン（複製開始点付近の配列）によって決まる。プラスミドに用いることのできるレプリコンはこれまで数十種類が知られているが，プラスミド開発の歴史的経緯から，pSCシリーズベクターが持つpSC101（〜5コピー），pBRシリーズベクターが持つcolE1（15〜20コピー），pUCシリーズベクターが持つ変異型colE1（500〜700コピー）が現在も多く用いられている。DNAを増やす目的にも，タンパク質を大量に発現する目的にも高コピー数プラスミドが向いているが，最大で15kb程度の比較的小さな遺伝子断片しか扱えない。一方で，低コピー数プラスミドは大きな遺伝子断片のクローニングや毒性タンパク質遺伝子のクローニングなどに用いることができる。pUCシリーズのベクターが高コピー数なのは，プラスミドDNA複製の正の制御因子であるRNAが，37℃では負の制御を受けにくい高次構造を形成するためであり，30℃ではコピー数が通常のcolE1レプリコンと同程度にまで減少する。また，同一のレプリコンを有するプラスミドは，同一の微生物細胞内で同時に増えることができな

い（より正確には，分裂を繰り返すうちに，複数種類のプラスミドを同時に保持する細胞が限りなくゼロに近づく）という不和合性を持っている。

③ 選択マーカーとしての薬剤耐性遺伝子

薬剤耐性遺伝子としては，アンピシリン耐性遺伝子，カナマイシン耐性遺伝子，テトラサイクリン耐性遺伝子，クロラムフェニコール耐性遺伝子などがある。これらの薬剤耐性遺伝子はプラスミド構築の研究初期から用いられているが，多くは薬剤耐性を持つトランスポゾンをプラスミドに導入して獲得された性質を利用したものである。現在でも，大腸菌株やプラスミドの遺伝子型にTn5（Kan^r）などの表記があるが，これはトランスポゾンTn5の導入によってカナマイシン耐性を付与したことを意味する。同様に，Tn1，Tn2，Tn3はアンピシリン耐性（Amp^r）遺伝子を，Tn5，Tn6，Tn903はカナマイシン耐性（Kan^r）遺伝子を，Tn9はクロラムフェニコール耐性（Cm^r）遺伝子を，そしてTn10，Tn1721はテトラサイクリン耐性（Tet^r）遺伝子を導入するために利用された。プラスミドの開発初期には，トランスポゾンの脱落が問題になることが多かったが，現在使用されるプラスミドでは，転移能を欠損させて薬剤耐性のみを残してある。なお，クロラムフェニコールは宿主のDNA合成を阻害するがプラスミドの複製を阻害しないため，クロラムフェニコール存在下ではcolE1レプリコンを有するプラスミドのコピー数をpUCプラスミドと同程度まで増やすことができる。

④ 外来遺伝子の導入レポーター

外来遺伝子の導入レポーターとしては，MessingがM13 mp7で用いたβガラクトシダーゼのα相補性が多用される。βガラクトシダーゼは1,023アミノ酸のタンパク質が四量体化して活性構造となるが，N末端の40アミノ酸程度がモノマー間のヘリックスバンドル構造を安定化し，四量体構造を安定化している。この酵素からN末端領域を欠失させるとこの活性構造を形成することができないが，別のペプチドとしてN末端領域（α断片）を加えると，天然型と同様の活性構造を形成するという性質がα相補性である。通常は，N末端41アミノ酸を欠失した不活化βガラクトシダーゼ遺伝子（lacZ ΔM15）を持つ大腸菌株に，N末端側146アミノ酸のα断片遺伝子を持つプラスミドを導入する。α断片遺伝子の開始コドン直後にはMCSが設けられているため，この部位の制限酵素サイトを利用して外来遺伝子をプラスミドに導入すると，正しくα断片が合成されず，α相補性を発揮しなくなる。βガラクトシダーゼによって分解されると青色に発色するX-gal（5-bromo-4-chloro-3-indole-β-D-galactoside）などの基質を培地に加えておけば，外来遺伝子の導入がない場合はα相補性が発揮されてコロニーが青く染まるが，外来遺伝子が導入されると無色のコロニーとなる。遺伝子発現量の定量目的では，ルシフェラーゼ遺伝子（第4部-㉓参照）が導入されたプラスミドが多い。

⑤ 導入遺伝子の発現調節と精製用タグ

導入遺伝子の発現調節には，lacのプロモーター（第4部-⑲参照）が多く用いられている。最近では，in vitro実験にも利用できる大量RNA発現が可能なSP6やT7のプロモーターを備えたプラスミドも多い。T7プロモーターを備えたpETシリーズベクターなどのプラスミドは，主にタンパク質の大量発現の目的で用いられるため，目的タンパク質に様々な精製用タグ配列が融合するように設計されているものが多い。タグ配列としては，糖への結合を利用するMBPタグ（396アミノ酸），グルタチオンへの結合を利用するGSTタグ（218アミノ酸）のようなタンパク質の基質結合部位を利用するものと，8アミノ酸程度の短い非天然型タグが存在する。後者にはHis-tag（第4部-㉒参照）のように金属への結合を利用するものや，抗体への結合を利用するもの，アビジンへの結合を利用するものなどがあり，近年盛んに開発が進んで利用できるタグ配列の種類も増えてきている。目的タンパク質とタグ配列の間にプロテアーゼの認識配列を導入しておくことで，融合タンパク質として発現・精製した後に，純粋な目的タンパク質だけを得ることが可能である。

⑪ 核酸のアルコール沈殿法

核酸分子（DNA, RNA）を精製，濃縮する最も簡便な方法は，核酸分子をアルコールと塩で凝集させて沈殿を得る方法（塩析）である。使用するアルコールの種類（図4-11-1）により，エタノール沈殿，イソプロピルアルコール沈殿，ポリエチレングリコール（PEG）沈殿などがあり，それぞれ通称エタ沈，イソプロ沈，PEG沈と呼ばれている。ここでは，エタノール沈殿を例に挙げて，その原理を解説する。また，アルコールの使い分けについても解説する。

図4-11-1　核酸のアルコール沈殿法に用いる代表的なアルコールの構造

① エタノール沈殿の原理

核酸は塩基，糖，リン酸からなるヌクレオチドをモノマーとする極性を持つ高分子である。主鎖を形成する糖，リン酸部位がエタノールに溶解しにくく，核酸分子全体としてもエタノールに溶解しない。しかし，核酸水溶液に2倍量程度のエタノールを加えても，核酸分子はほとんど沈殿しない。これは，水溶液中で溶解していた核酸分子のリン酸部位が解離し，全体的に負電荷を帯びているため互いに静電反発し，凝集が起こりにくいからである。そこで，核酸水溶液にナトリウム塩やアンモニウム塩などを加えると，それら陽イオンがリン酸負電荷の対イオンとして働き，核酸分子全体の負電荷を中和することができる。この状態でエタノールを加えると，水に溶解していられなくなり，核酸分子同士が凝集を起こす。こうして，遠心操作により凝集した核酸分子を沈降させることで，溶液中から核酸分子を回収することができる（図4-11-2）。

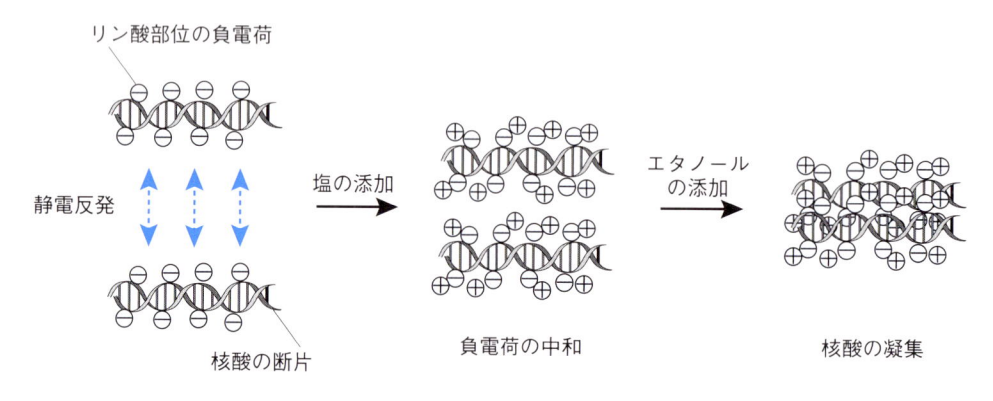

図4-11-2　エタノール沈殿の原理

② アルコール沈殿に用いられる塩

核酸のアルコール沈殿で，一般的に用いられる塩は以下の4種類である。基本的に，核酸溶液に添加された塩は，回収された核酸サンプルに持ち込まれる。したがって，得られた核酸をその後どのような反応に用いるかによっても，使用すべき塩の種類が異なってくる。また，いくつかの反応には不適切な塩があるため，注意すること。

使用する塩	ストック溶液濃度	最終濃度
酢酸ナトリウム (pH 5.2)	3.0 M	0.3 M
酢酸アンモニウム	10.0 M	2.0 M
塩化リチウム	8.0 M	0.8 M
塩化ナトリウム	5.0 M	0.2 M

■ 酢酸ナトリウム
　最も一般的に使用される塩である。

■ 酢酸アンモニウム
　dNTPの溶解性が高いことから，PCR実験で取り込まれなかったdNTPを除く場合に適している。2M酢酸アンモニウムを用いてエタノール沈殿を2回行うと，dNTPの99％以上を除けると言われている。アンモニウム塩がT4ポリヌクレオチドキナーゼやいくつかの制限酵素の反応を阻害するため，ある種の制限酵素消化を行う核酸の沈殿には用いない。

■ 塩化リチウム
　塩化リチウムはアルコール溶液に溶けやすく，核酸とともに沈殿しにくい。比較的高濃度の80％エタノールでエタノール沈殿を行うRNAの沈殿には塩化リチウムが用いられていた。しかし，塩素イオンが阻害的に働くので，逆転写や in vitro 翻訳を行うRNAには不適であり，今ではRNAのエタノール沈殿でも酢酸ナトリウムがよく用いられている。

■ 塩化ナトリウム
　SDSを含むサンプルの場合に使用する。70％エタノール沈殿の際に，SDSが可溶化されるため取り除くことができる。酢酸ナトリウムで沈殿が回収しにくいときに使用してみるとよい。ただし，塩も同時に沈殿するので，70％エタノールでのリンスをしっかりと行う必要がある。

③ 沈殿法の使い分け

　エタノール沈殿は，DNAとRNAのいずれも沈殿させることができ，70年以上にわたって用いられている一般性の高い核酸沈殿法である。塩を含む核酸溶液の容量に対して，2倍量以上のエタノールを加え，沈殿操作を行う。

　エタノールの代わりに，より極性の低いイソプロピルアルコールを用いるイソプロ沈もよく用いられる。イソプロ沈では，塩を含む核酸溶液に等量のイソプロピルアルコールを加えるだけで核酸を沈殿させることができるため，サンプルの容量が多い場合には便利である。しかし，イソプロピルアルコールはエタノールよりも揮発性が低く，また塩が沈殿しやすいため，70％エタノールでのリンスをしっかりと行う必要がある。

　平均分子量が8,000程度のポリエチレングリコール（PEG8000）によりDNAを沈殿させる手法はPEG沈と呼ばれ，DNAとRNAの混合溶液からDNAのみを選択的に回収したいときに用いる。PEGはDNAの水和水を奪うことでDNA分子の凝集を促進すると考えられるが，DNAよりも水酸基が1つ多く親水性の高いRNAは凝集しにくいため，DNAだけが選択的に沈殿する。アルカリ溶解法で得た溶菌液から，共存するRNAを除去し，プラスミドDNAのみを回収する際などに用いられる。また，短鎖DNAの回収効率が低いので，DNAのサイズ分画にもPEG沈を利用することができる。なお，PEG沈で得られるDNAのペレットは透明で見えにくいので，上清を除く際には注意を要する。また，フェノール処理を行ったサンプルをPEG沈するとフェノールが析出してしまうため，前処理として一度エタ沈やイソプロ沈を行ってフェノールを除いておく必要がある。

⑫ アルカリ溶解法

　アルカリ溶解法は，大腸菌内で増幅したプラスミドDNAを回収する最も一般的な方法で，大腸菌をアルカリ性条件下でSDSにさらすことによって大腸菌を溶菌する手法である。溶菌液中には，目的とするプラスミドDNAの他に，大腸菌の染色体DNAやRNA，タンパク質や脂質といった多くの物質が共存しているが，アルカリ溶解法ではこれらの中からプラスミドDNAのみを効率良く回収することができる。培養液をマイクロチューブ内で処理する小スケールのアルカリ溶解法を，アルカリミニプレップあるいは単にミニプレップと呼ぶ。

① アルカリ溶解法の原理

　アルカリ溶解法においては，水酸化ナトリウムとSDSを大量に含む溶液Ⅱを加えることで，大腸菌の膜構造を壊して溶菌させ，同時にタンパク質や核酸をアルカリ変性させる。DNAにおいて，グアニンの$N1$位とチミンの$N3$位はpK_aが10付近であるため，この強アルカリ条件では脱プロトン化され，プロトンドナーとしての働きを失って塩基対形成のための水素結合が消失する。また，SDSのドデシル基が塩基対間のスタッキングを弱め，結果的にDNAは一本鎖状態になる。このアルカリ変性は可逆的であるが，酢酸とカリウムイオンを大量に含む溶液Ⅲを加えて一気に中和すると，分子量の大きい染色体DNAは準安定状態にトラップされ，熱力学的に最安定な二本鎖状態には戻らない。一方で，分子量が小さく，かつ相補鎖同士が近傍に留まる閉環状のプラスミドDNAは元の二本鎖状態に戻りやすい[1]（図4-12-1）。溶液Ⅲを加えたときに大量に生じるSDSのカリウム塩は難溶性であり，変性状態の染色体DNAやタンパク質，脂質といった夾雑物とともに不溶性の凝集体を生じるため，上清には主に変性状態から回復したプラスミドDNAと低分子のRNAが残る。回収した上清に少量含まれるタンパク質や脂質をフェノール処理で除き，またRNAをPEG沈で除くと，プラスミドDNAのみを回収することが可能である。

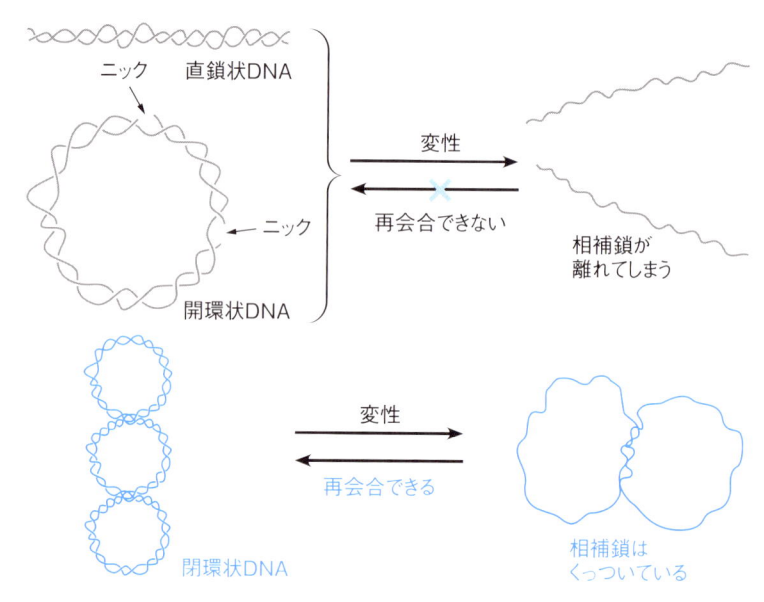

図4-12-1　DNAの構造と変性度

② アルカリ溶解法に用いる各溶液の役割について

　アルカリ溶解法で用いる3種類（組成は第3部-⑤参照）の溶液について，以下に役割をまとめる。

溶液Ⅰ：グルコースは浸透圧を与え，細胞膜を部分的に破壊する。EDTAは，金属イオンを活性中心に持つDNaseの機能を阻害する。

溶液Ⅱ：SDSは細胞膜の構造を完全に破壊し，水酸化ナトリウムによる高いpHは塩基対間の水素結合を弱め，染色体DNAを変性させる。

溶液Ⅲ：酢酸カリウムはpHを急激に中性に戻す。また，変性タンパク質，変性染色体DNA，脂質，SDSからなる凝集体は，ナトリウムイオンがカリウムイオンに置き換わると効率良く沈殿するため，ここでは酢酸ナトリウムではなく酢酸カリウムを用いる。

⑬ アガロースゲル電気泳動

遺伝子の機能解析には，まず核酸分子（DNA，RNA），そして発現されたタンパク質の解析が必要となる。そのためには，それらを精度良く分離する方法が必要である。中でも最も簡便な分離法に電気泳動がある。ここでは，代表的な核酸用電気泳動であるアガロースゲル電気泳動（agalose gel electrophoresis）について解説する。

① 核酸の電気泳動の原理

核酸分子はそのリン酸部位に由来して負に帯電しているため，水溶液中で一定方向に電場がかかると，正の電極に向かって移動する。この現象を電気泳動と呼ぶ。通常，ゲルの中で電気泳動を行い，ゲルの網目構造による分子篩効果（図4-13-1）を利用して，分子量の異なる核酸分子を分離する。分子量の大きいものほど泳動距離が短く，小さいものほど泳動距離が長い。

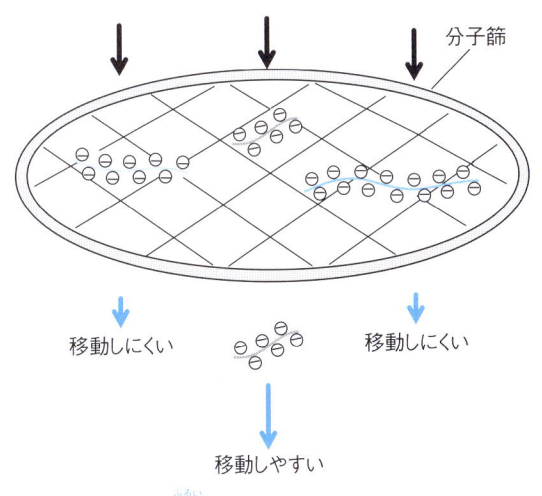

図4-13-1　分子篩効果のイメージ

② アガロースゲル

アガロースは寒天の主成分多糖で，[D-ガラクトシル-($\beta 1 \to 4$)-3,6-アンヒドロ-L-ガラクトシル-($\alpha 1 \to 3$)]$_n$の構造を持つ（図4-13-2）。冷水には溶けないが熱水に溶け，濃度0.3％程度以上の溶液を加熱した後室温に戻すと，ゲルを形成する。このアガロースゲルを用いた電気泳動をアガロースゲル電気泳動といい，ポリアクリルアミドゲル電気泳動（第4部-㉕参照）と並び，核酸分離のための主要技術である。アガロースゲルは，主に多糖分子鎖間での水素結合によって形成される物理架橋ゲルであり，ポリアクリルアミドゲル作製時に加える架橋剤が存在しないため，ゲルの網目構造のサイズはポリアクリルアミドゲルと比べて大きい。したがって，アガロースゲル電気泳動は，長鎖の核酸断片の分離に適している。また，アガロースゲルの濃度変化により網目構造のサイズが変わるため，分離したい核酸断片の分子量に適した濃度でゲルを作製する必要がある。各アガロース濃度で分離できるDNA断片のサイズは第3部-④の表3-4-1を参照してほしい。

電気泳動用のアガロースは，各試薬会社から数多くの種類が販売されているので，用途に応じて選択する。

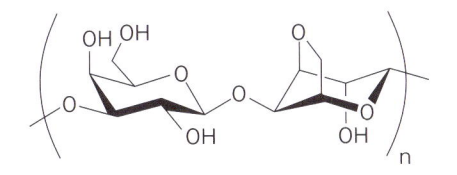

図4-13-2　アガロースの構造

※アガロースは高分子であり，構造式中の（　）$_n$内の構造を無数に繰り返す。

⑭ プラスミドDNAの電気泳動パターン

　大腸菌を用いた遺伝子クローニングでは，プラスミドDNAを制限酵素（第4部-⑯参照）で切断し，増幅しようとするDNA断片を酵素により切断部位に組み込む．この組換えプラスミドDNAを大腸菌に導入し，大腸菌の増殖により組換えプラスミドDNAを増幅する．このようにして増幅したプラスミドDNAを大腸菌から取り出し，目的の組換えプラスミドDNAが精製されたかどうかを，制限酵素処理とそれに続いて行うアガロース電気泳動により確認する．本項では，プラスミドDNAのアガロースゲル電気泳動パターンについて説明する．

① プラスミドDNAのアガロースゲル電気泳動

　プラスミドDNAにはトポロジーの異なる3つの状態が存在する（図4-14-1）．プラスミドDNAは環状のDNA分子だが，細胞内および抽出・精製したプラスミドDNAのほとんどは閉環状DNAの構造をしている．これをform Ⅰという．精製度が低い場合は，このform Ⅰに加えて，片方のDNA鎖のリン酸ジエステル結合が一部で切断されニックが入った開環状のform Ⅱや，両方の鎖が切断された直線状のform Ⅲが加わる．form ⅡのプラスミドDNAは，form Ⅰやform Ⅲよりも移動度が低い．一方，form Ⅰとform Ⅲの移動度を比較した場合は，分子量，ゲルの濃度，泳動バッファーの条件，電圧などによってどちらの移動度が大きいかは決まらない．いずれにせよ，プラスミドDNAを制限酵素で1か所だけ切断した場合は，すべてform Ⅲの形になるので，form Ⅰとform Ⅱが混在する未切断プラスミドDNAとは電気泳動によって区別がつく（図4-14-2）．

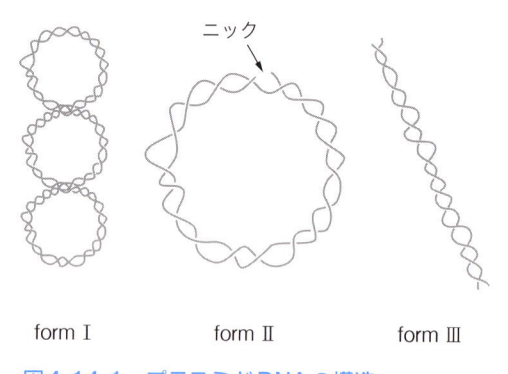

図4-14-1　プラスミドDNAの構造

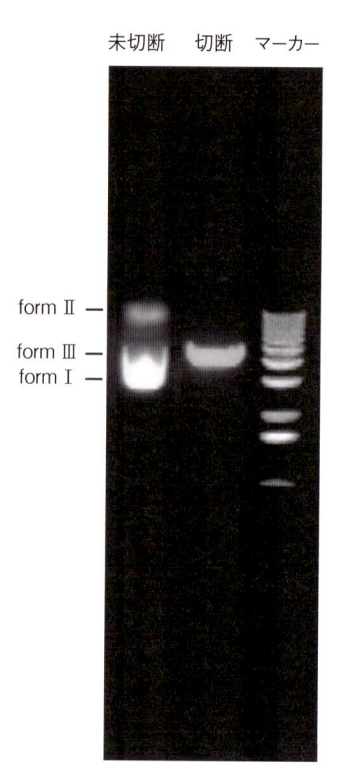

図4-14-2　プラスミドDNAの電気泳動パターン

⑮ 各種 DNA 染色剤

核酸の電気泳動後，移動度を調べるには，適切な方法で核酸を検出する必要がある。ゲル内の核酸検出には，核酸に結合し蛍光を発する色素（核酸染色剤）を用いた蛍光検出がよく用いられる。ここでは，核酸の蛍光検出に使われる各種核酸染色剤についてまとめる。

① 核酸染色剤の種類

DNA検出試薬として代表的なものには，臭化エチジウム（ethidium bromide；EtBr）とSYBR Greenがある。両者とも変異原性（発癌性）があることが知られているが，エームズ試験によると，EtBrよりもSYBR Greenのほうがはるかに変異原性は低いと示されている[2]。また，DNA検出感度的にもSYBR GreenのほうがEtBrよりも高い。以上の点で，最近ではSYBR Greenを使用する人が増えている。SYBR Greenにはいくつかの誘導体がある（構造式は不明）。下の表に，各種DNA染色剤の特性についてまとめる（表4-15-1）。

■ **EtBr**

別名：3,8-diamino-5-ethyl-6-phenylphenanthridinium bromide，$C_{21}H_{20}BrN_3$，M.W. = 394.32。二本鎖DNAの塩基間に挿入されるインターカレーター。紫外線を照射するとオレンジ色の蛍光を発するが，その強度はDNAに結合すると約20倍になる。

■ **SYBR Green I**

別名：{2-[N-(3-dimethylaminopropyl)-N-propylamino]-4-[2,3-dihydro-3-methyl-(benzo-1,3-thiazol-2-yl)-methylidene]-1-phenyl-quinolinium}，$C_{32}H_{37}N_4S^+$，M.W. = 509.73 [3]。二本鎖DNAの塩基間に挿入されるインターカレーター。EtBrよりも25〜100倍高い感度を示す。

■ **SYBR Green II**

構造および結合様式は不明。一本鎖DNAおよびRNAの検出が可能。EtBrよりも2〜3倍高い感度を示す。

■ **SYBR Gold**

構造および結合様式は不明。二本鎖DNA，一本鎖DNAおよびRNAの検出が可能。EtBrよりも4倍以上高い感度を示す。

■ **GelStar**

構造および結合様式は不明。二本鎖DNAだけでなく，一本鎖DNA，RNAの検出が可能。二本鎖DNAの場合，EtBrよりも4〜16倍高い感度を示す。一本鎖DNAおよびRNAは，EtBrよりも20〜80倍および3〜10倍高い感度を示す。

表4-15-1　各種DNA染色剤の特性

染色剤	最大励起波長（nm）	最大蛍光波長（nm）	色調	特性
EtBr	518	605	オレンジ	高感度，二本鎖DNA，強い変異原性あり
SYBR Green I	494	521	イエロー	超高感度，二本鎖DNA，オリゴヌクレオチド，real time PCR
SYBR Green II	492	513	イエロー	高感度，一本鎖DNA，RNA
SYBR Gold	495	537	イエロー	超高感度，一本鎖および二本鎖DNA，RNA
GelStar	493	527	イエロー	超高感度，一本鎖および二本鎖DNA，RNA

16 制限酵素

細菌がファージなどの感染に対して抵抗性を持つように進化して得られた性質に"制限(restriction)"という現象がある。この現象の基礎にあるのが制限酵素(restriction enzyme)である。ここでは,制限酵素についての基礎知識や切断特性について説明する。

① 制限酵素とは

制限酵素は制限エンドヌクレアーゼとも言われるように,細菌が持つエンドヌクレアーゼの一種であり,特定のDNA塩基配列を認識してその部位(または,その部位から一定の距離だけ離れた部位)を切断する。制限酵素を産生する細菌は,制限酵素と対になるDNA修飾酵素を同時に発現し,その修飾を受けることによって自己のゲノムDNAは,制限酵素による切断を免れるようにしている。外来DNAはこの修飾酵素による修飾を受けないために,制限酵素によって切断されて最終的には分解され,感染が成立しない(図4-16-1)。修飾酵素の多くはDNAメチラーゼ(DNA methylase)で,対になる制限酵素と同じ塩基配列を認識して,その部位の塩基をメチル化する(メチル化された制限酵素サイトはその制限酵素による切断を受けなくなる)。このように制限酵素は,侵入してくる外来DNAを切断排除する自己防御機構,あるいは自己DNAの保存機構の1つとして存在する。

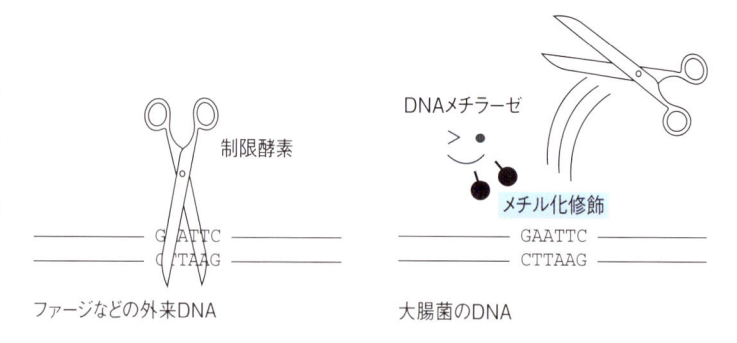

図4-16-1 制限酵素のはたらき

② 制限酵素のネーミング

制限酵素の名前は,最初に属名の頭文字(大文字),種名のはじめの2文字(小文字),株名あるいは血清型,続いて同じ菌株から得られた何番目の酵素かをローマ数字で示す。例えば,*Hind* IIIは*Haemophilus influenzae* Rcの血清型d株の3番目の制限酵素である。学名に由来する,前から3文字は必ずイタリック体で記す。

③ 制限酵素の分類

制限酵素は切断反応の特性に基づき,I,II,III,IVの4つの型に分類される。I型酵素はDNA上の特定塩基配列を認識するが,認識部位から1,000塩基以上も離れた位置を非特異的に切断する。また,切断反応にMg^{2+}のみでなく,S-アデノシルメチオニン,ATPを必要とする。II型制限酵素は,回文(パリンドローム)配列を認識し,認識配列内あるいはその近傍の特定の位置でDNAを切断する。パリンドロームとは,"新聞紙(シンブンシ)"のように左右どちらから読んでも同じ配列になる対称性の塩基配列を言う。例えば,最もポピュラーなII型制限酵素である*Eco*RIの認識配列は以下のような構造をしている。

```
5' ― GAATTC → 3'
3' ← CTTAAG ― 5'
```

回文配列を認識するII型制限酵素では,切断する塩基配列は4~8塩基と決まっている。また,回文配列以外の非対称な認識配列も見つかっている。切断反応にはともにMg^{2+}を必要とする。切断様式および反応条件面から,遺伝子操作に有用なのはII型制限酵素である。III型制限酵素では,非対称的な塩基配列を認識して結合した後,そこから25塩基程度離れた位置を切断する。反応にはMg^{2+}を必要とする。IV型制限酵素では,DNA中の修飾された塩基を認識し結合する。切断には,40~3,000塩基程度離れた2か所の認識結合部位が必要で,切断はその間の片方の部位近傍で起こる。

④ DNA 断端の形状

制限酵素は切断後のDNA断端の形状によって図のように，5' 突出末端（protruding end），平滑末端（blunt end），3' 突出末端の3種類の切断パターンに分類することができる。平滑末端は切断面が平らで，5' 側がリン酸基，3' 側が水酸基になっている。突出末端は，切断面でDNAが5' 側あるいは3' 側に1本ずつ飛び出ており，5' 側がリン酸基，3' 側が水酸基になっている。その一本鎖部分が互いに相補的な配列になっており，水素結合で互いにくっつくことができるため，付着末端あるいは粘着末端（cohesive end, sticky end）ともよぶ。DNA断端の形状はリガーゼ，キナーゼ，フォスファターゼ，エキソヌクレアーゼなど，他の酵素を作用させるときの反応効率に大きな影響を与えるので重要である（図4-16-2）。

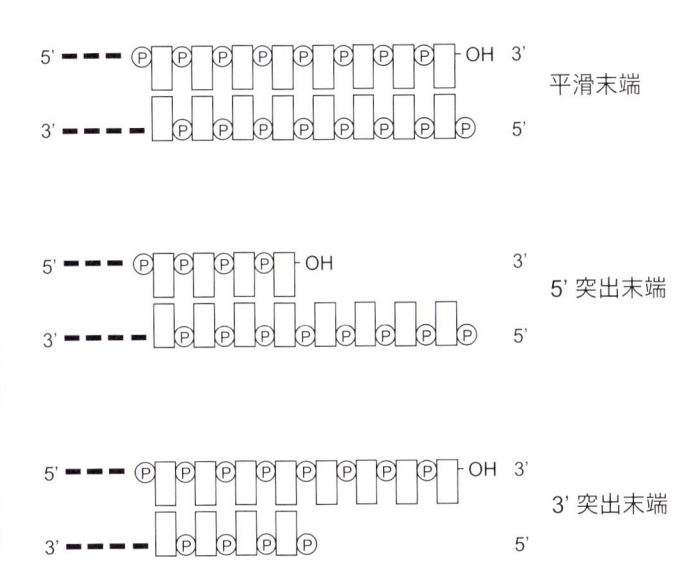

図4-16-2　5' 突出末端，平滑末端，3' 突出末端の模式図

⑤ 制限酵素による切断反応条件

制限酵素は自然界の細菌から単離されており，その起源の違いに応じて反応の最適条件にバリエーションがある。特に，最適な塩濃度は制限酵素の種類によってかなり異なる。本来ならば各々の制限酵素を用いる際には，その酵素に最適な反応バッファーを用いるのが望ましいのだが，多数の酵素を取り扱う場合は個別にバッファーを用意するのが大変である。そこで，試薬メーカーは，数種類の代表的なバッファー（ユニバーサルバッファーなどと称している）を用意し，その中から酵素活性を十分に発揮できるものを選んで酵素に添付している。添付のバッファーは10倍濃度に調製されており（10×），反応系に1/10倍量を加えると濃度が最適（1×）になるようになっていることが多い。代表的な3種類のユニバーサルバッファーの組成を表4-16-1に示した。

表4-16-1　制限酵素のユニバーサルバッファーの組成（10倍濃度）

	10×H (high)	10×M (medium)	10×L (low)
Tris-HCl (pH7.5)	500mM	100mM	100mM
$MgCl_2$	100mM	100mM	100mM
DTT	10mM	10mM	10mM
NaCl	1000mM	500mM	—

また，市販の酵素類には凍結による失活を防止するために，グリセロールが50%添加されている。反応液中に高濃度のグリセロールが存在すると，酵素の活性が阻害されたり，star活性が出たりするので，反応液に加える酵素の容量は全体の1/10以下にすることがきわめて重要である。反応温度はほとんどの場合37℃であるが，*Sma* I は25℃，耐熱性細菌からとられた*Taq* I などは65℃が最適温度である。使用する酵素が何℃で反応するか，カタログで必ず確認しなければならない。

⑥ star 活性

制限酵素は，基本的にはその特定配列の認識結合に基づき，位置選択的にDNAを切断するが，反応条件によっては特異性を緩め，認識配列に似ている別の配列を切断する場合がある。そのような活性を制限酵素のstar活性という。star活性は，基質に対して大過剰の酵素を使用した場合や，Mn^{2+}などの金属イオンが存在した場合，低い塩濃度，高いpH，グリセロールやDMSOの濃度が高い場合などに現れることがある。各メーカーのカタログにstar活性に関する情報が記載されているので，各種制限酵素を使用する前に一読しておく必要がある。

最近では，遺伝子改変技術により性能を向上させた制限酵素が開発され，試薬メーカーから市販されている。それらはハイフィデリティー（high-fidelity；HF）制限酵素と呼ばれている。DNA制限活性は野生型と同様のままに，star活性が著しく低減されている。また，HF制限酵素は共通のバッファーを用いることが可能で，他の酵素との併用（ダブルダイジェスト）もより行いやすくなっている。

⑦ メチル化の影響

本項のはじめに述べたように，細菌は侵入してきたファージのDNAを自己のDNAと見分けるために，特定の塩基配列上のアデニンあるいはシトシンをメチル化するDNAメチラーゼを産生している。制限酵素の中には，認識配列中の特定塩基がメチラーゼによりメチル化された場合，DNAを切断しなくなるものがある。代表的な制限酵素に関しては，その認識部位を特異的にメチル化するメチラーゼが販売されている。これを用いることで，特定の制限酵素の認識部位が切断されないようにすることができる。

また，実験に用いられる大腸菌株のほとんどはDamメチラーゼ，Dcmメチラーゼ，EcoKメチラーゼのいずれかを持つ。目的のDNAをこれらの大腸菌内で増やせば，自動的にそれぞれのメチラーゼによりメチル化されたDNAとなる。メチラーゼによりメチル化を受ける塩基はアデニン（A）またはシトシン（C）と決まっていて，S-アデノシルメチオニン由来のメチル基が転移されて，それぞれ6位（N^6-メチルアデニン）または4位（N^4-メチルシトシン）あるいは5位（5-メチルシトシン）がメチル化される（図4-16-3）。プラスミドDNAを自分で増やした場合には，用いた大腸菌がこれらのメチラーゼを持っていることを考えないと，あるはずの制限酵素サイトがなくなってしまうことになるので注意が必要である。

N^6-メチルアデニン　　N^4-メチルシトシン　　5-メチルシトシン

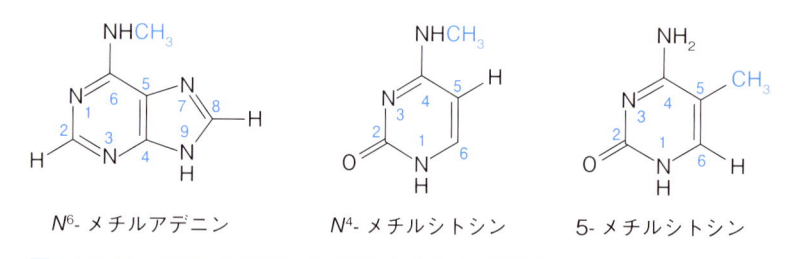

図4-16-3　メチルアデニンとメチルシトシンの構造

17 コンピテントセルを用いた大腸菌の形質転換

細胞に外来DNA（遺伝子）を人工的に導入することで，その細胞が本来持つ形質の一部を，外来遺伝子の持つ形質に転換することができる。この操作を形質転換（transformation）といい，その技術は分子生物学や再生医学など様々な分野で利用されている。形質転換させるための遺伝子導入操作をトランスフェクション（transfection）と呼ぶ。遺伝子導入法は，化学的，物理的，生物的な方法に分類される。ここでは，形質転換の歴史，ならびに大腸菌を形質転換するために用いられる代表的な化学的および物理的遺伝子導入方法について説明する。

① 形質転換の歴史

形質転換の発見は，分子生物学の黎明期にさかのぼる。1928年，イギリスの微生物学者Griffithは，致死性の肺炎双球菌を煮沸して殺した後，無毒の肺炎双球菌と混合してマウスに注射した。その結果，無毒の菌のみを注射した対照群のマウスが元気だったのに対して，混合して注射したマウスはバタバタと死んでしまった。死んだマウスの体内からは，煮沸殺菌したはずの致死型の肺炎双球菌が多数検出された。この現象に着目したAveryらは，詳細な実験の結果，致死型肺炎双球菌のDNAが，非病原型肺炎双球菌を致死型に遺伝的に変化させたと結論づけた。1944年，DNAが遺伝情報の担体であることを最初に示した実験である。この時の形質転換は細菌の染色体DNAを用いたものであったが，その後，大腸菌とプラスミドDNAを用いる形質転換の技術が確立し，遺伝子クローニングへの道を開いた。

② 化学的方法による形質転換

大腸菌の細胞膜は，通常は外来DNA（プラスミド，ファージDNA）を通過させない。ところが2価の陽イオンを含む溶液（塩化カルシウム溶液など）にしばらく浸すと，細胞膜が緩んで外来DNAを細胞内に取り込む受容能（competence）を獲得する。この状態の細胞をコンピテントセル（competent cells）と呼ぶ。このMandelとHigaの発見はすぐさま簡便な形質転換法へと発展し，遺伝子操作の基盤技術の1つとなった[4]。

コンピテントセルの作製では，その形質転換効率（cfu/μg）が重要であり，それによって実験の成否が左右されることも多い。形質転換効率とは，1μgのプラスミドDNAを大腸菌に取り込ませた際に形質転換される大腸菌数のことで，一晩培養したプレート上でのコロニー形成単位（colony forming unit；CFU）で表される。現在では，様々な試薬会社からコンピテントセルが販売されている。

コンピテントセルが外来DNAを取り込むメカニズムはいまだ解明されていないが，以下のように推測されている。大腸菌の表面（細胞壁）はリン脂質とリポ多糖により負に荷電している。DNAも負に帯電した陰イオン性高分子であり，このままでは静電的反発により，DNAは細胞表面に近づけない。2価の陽イオンの役割の1つは，リン脂質中のリン酸部位と配位結合することにより細胞表面の負電荷を遮蔽することであり，これによりDNAは細胞表面に吸着できるようになる。さらに，低温では2価の陽イオンが細胞表面の構造を変化させ，DNAの透過性が高まる。続くヒートショックにより，細胞膜の構造が不安定化し（小孔を開け），DNAは細胞質内に取り込まれる。

③ 物理的方法による形質転換

大腸菌に短時間の高圧電気パルスを与えると，細胞膜にプラスミドDNAが通過できるほどの小孔が一過的に作られ，それを通してプラスミドDNAを細胞内へ導入できる。この方法はエレクトロポレーション（electroporation；電気穿孔法）と呼ばれる。他の形質転換法と比べて高い形質転換効率が得られるなどの利点はあるが，電気伝導度を最小化するためのプラスミドDNA溶液の脱塩処理に神経を使う，濃縮大腸菌の保存が難しいなどの欠点もある。

エレクトロポレーションの原理は以下の通りである。細胞膜は1つの等価回路を形成しているため，外部から強い電場を加えるとその分だけ膜表面に電荷が蓄積して膜に圧縮力を与える。これが膜の弾性限界を超えるほど強くなれば，膜の一部に小さな孔が開く。この孔を通してプラスミドDNAが細胞内に取り込まれるが，しばらくすると孔は元通りになる。ここで電場が強すぎると，孔が大きくなりすぎ膜が非可逆的に破壊されて細胞が死ぬため，電場の強さとかける時間を調節する必要がある。現在では，濃縮大腸菌が市販されており，比較的容易に高い形質転換効率を得ることができる。

⑱ 形質転換効率の求め方

　形質転換効率（cfu/μg）とは，1μgのプラスミドDNAを大腸菌に取り込ませた際に形質転換される大腸菌数のことである。形質転換後の大腸菌を寒天プレート上で培養し，得られたコロニーの数から求める。一般に，形質転換に用いたコンピテントセル全体に対する数値で示す。

　例えば，得られたコロニー数をA（個），プレートに播いた大腸菌懸濁液量をB（μL），大腸菌懸濁液の全体量をC（μL），用いたプラスミドDNAの質量をD（ng）とする。このとき，大腸菌懸濁液BμL中にはA cfu（colony forming unit）のコロニー形成可能な大腸菌が存在していたと表現し，形質転換効率は以下の式で計算できる。

形質転換効率（cfu/μg）＝ 1,000 AC/BD

ある形質転換の実験で，

A ＝ 200 cfu
B ＝ 100μL
C ＝ 1,000μL
D ＝ 1 ng

であった場合，形質転換した大腸菌のうち，

B/C ＝ 100μL / 1,000μL ＝ 1/10

だけプレートに播いたので，用いたコンピテントセルすべてで得られると予想されるコロニー数は，

A × 10（＝ AC/B）＝ 2,000 cfu

となる。

一方，1μg ＝ 1,000 ngの関係から，用いたプラスミドDNA量をμgに換算すると，

D/1,000 ＝ 0.001μg

となる。

0.001μgのプラスミドDNAを用いて2,000個のコロニーが得られたので，形質転換効率は，

2,000 cfu/0.001μg（＝ 1,000 AC/BD）＝ 2.0×10^6 cfu/μg

となる。

⑲ 大腸菌の発現誘導メカニズム

　大腸菌の遺伝子発現調節には，①リプレッサータンパク質による転写抑制の機構と，②アクチベーターによる転写活性化の機構，が関与している。いずれも，もともと大腸菌内で発現調節機構として存在しているものであり，①はさらに，①-1) 発現誘導型と，①-2) 発現抑制型に分類することができる。人為的な発現誘導には天然型の系も利用されるが，一部を組換えた③ハイブリッド型の系も多く利用される。また，④バクテリオファージのRNAポリメラーゼを利用する系を組み合わせてより高度な調節を可能にしたものも存在する。

① リプレッサータンパク質による転写抑制

1) 発現誘導機構

　第4部-⑩にも記したが，大腸菌に導入した外来遺伝子の発現調節には，*lac*プロモーターが多く用いられている。*lac*プロモーターは，誘導型転写調節機構の代表例である。簡略化した説明をすると，RNAポリメラーゼのσ（シグマ）因子がプロモーターの一部（転写開始点の約35塩基上流に位置する−35領域）に結合し，続くRNAポリメラーゼのプロモーターへの結合に伴ってATに富んだプリブノーボックス（転写開始点の約10塩基上流に位置する−10領域）が一本鎖に開裂することで転写が開始する（図4-19-1）。

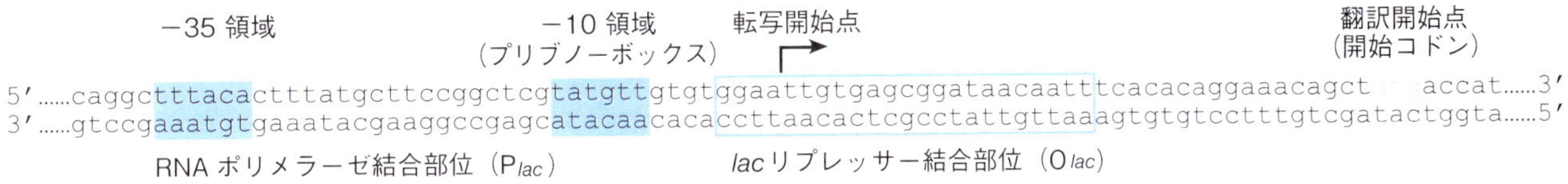

```
      −35 領域              −10 領域         転写開始点                               翻訳開始点
                         (プリブノーボックス)                                        (開始コドン)
5'......caggctttacactttatgcttccggctcgtatgttgtgtggaattgtgagcggataacaatttcacacaggaaacagct    accat......3'
3'......gtccgaaatgtgaaatacgaaggccgagcatacaacacacccttaacactcgcctattgttaaagtgtgtcctttgtcgatactggta......5'
      RNAポリメラーゼ結合部位（P*lac*）      *lac*リプレッサー結合部位（O*lac*）
```

図4-19-1　pUC18の発現調節領域

　生物としては，無駄なエネルギーを使わずに済むよう，不必要なタンパク質発現は抑制しておく必要がある。大腸菌では，*lac*リプレッサータンパク質が転写開始点付近のオペレーター配列（O*lac*）に結合し，RNAポリメラーゼがプロモーターに結合するのを抑制している。

　大腸菌内で栄養源として利用可能なラクトースが大量に存在する条件下では，ラクトースが*lac*リプレッサーに結合して構造を変化させO*lac*への結合親和性を低下させる。O*lac*からリプレッサーが外れると，RNAポリメラーゼは自由にプロモーターに結合できるようになり，遺伝子発現（タンパク質の合成）が誘導される。ここで，遺伝子発現を誘導する物質であるラクトースを誘導因子と呼ぶ。

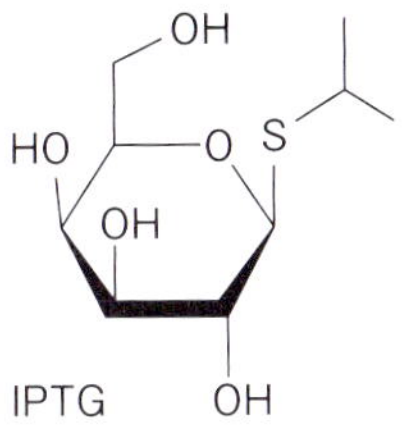

　実験室では，*lac*リプレッサーの効果的な誘導因子であるアロラクトース（ラクトースの異性体）の部分構造類縁体であるIPTG（isopropyl β-D-1-thiogalactopyranoside）を培地に添加することで，*lac*プロモーター支配下にある遺伝子の発現を人為的に誘導する（図4-19-2）。

図4-19-2　IPTGの構造

　*lac*プロモーターを利用した人為的な遺伝子発現誘導を行うには，大腸菌が*lac*リプレッサータンパク質遺伝子（*lacⅠ*）を持つ必要があることは自明である。また，遺伝子発現のon/offを明確にコントロールするためには，*lac*リプレッサータンパク質が多量に存在し，誘導因子が存在しないときには完全に転写が抑制されていることが望まれる。このため，*lacⅠ*遺伝子の−35領域が一塩基置換によってGCGCAAからGTGCAAに変化し，リプレッサーが10倍以上高発現するようになった変異遺伝子（*lacⅠ*q）を有した大腸菌株が遺伝子組換え実験によく用いられる。どのような大腸菌株でも使用できるよう，*lacⅠ*qがプラスミドに組み込まれている場合もある。

2) 発現抑制機構

　トリプトファンの生合成系酵素の発現を調節している*trp*プロモーターは，やはりリプレッサーによって遺伝子発現が抑制される。ただし，*trp*リプレッサータンパク質は，制御因子であるトリプトファンの結合によってオペレーター領域への親和性が向上する。このため，*trp*プロモーターの制御は*lac*プロモーターとは逆で，トリプトファンが十分

に存在するときには遺伝子発現が抑制され，トリプトファンが不足してくるとリプレッサータンパク質が外れ，支配下にある遺伝子が発現する．

② アクチベーターによる転写活性化

*lac*プロモーターの系では，RNAポリメラーゼがプロモーター領域に結合する親和性はそう高くなく，ラクトースが多量に存在してリプレッサーがオペレーターから外れても，高レベルの転写は見られない．このため，細胞内に栄養源として使いやすいグルコースが多量にある場合，大腸菌としては余分なエネルギーを使ってラクトースの分解酵素をつくるような無駄をせずに済んでいる．

一方で，グルコースが枯渇し，他の物質をエネルギー源としなくてはならなくなった場合には，ラクトースの分解酵素を大量に生合成する必要が生じる．グルコースはアデニル酸シクラーゼの活性を阻害するが，グルコース濃度の低下に伴ってアデニル酸シクラーゼが大量のアデノシン3',5'-環状リン酸（cAMP）を合成し始める．cAMPは，受容体タンパク質（cAMP receptor protein；CRPまたはcatabolite activator protein；CAP）と複合体を形成し，プロモーター領域の近傍に結合することでDNA構造を変化させる．構造変化したプロモーター領域はRNAポリメラーゼとの親和性が向上し，*lac*プロモーター支配下にある遺伝子のmRNAが数十倍に増え，タンパク質が大量に生合成されるようになる．

このcAMP/CRP（アクチベーター）による転写活性化を利用するためには，グルコース濃度を抑えた培地でタンパク質を発現させることが有効である．なお，*lac*プロモーターの変異体である*lac*UV5プロモーターでは，cAMP/CRPに対する感受性が失われている．

③ ハイブリッド型プロモーター

*tac*プロモーターは，*trp*プロモーターの-35領域と*lac*プロモーターのオペレーター配列を組み合わせ，*trp*プロモーターが持つ強い転写活性と*lac*プロモーターが持つ発現誘導の容易性を両立させた人工ハイブリッド型プロモーターである．同様のコンセプトに基づいて，天然型あるいは人工プロモーターの組み合わせで，多くのハイブリッド型プロモーターが作製されている．

④ バクテリオファージのRNAポリメラーゼを利用する系

T3，T7，SP6といったバクテリオファージのRNAポリメラーゼは，それぞれ対応するプロモーター配列を厳密に認識して転写を開始する．逆に言えば，対応するRNAポリメラーゼが存在しないときには，これらのプロモーター支配下にある遺伝子の発現は完全に抑制される．バクテリオファージのRNAポリメラーゼ遺伝子を*lac*など別のプロモーター支配下に置き，ポリメラーゼの発現誘導を引き金にして大量のmRNAを合成させる系が，タンパク質発現用プラスミドとして市販されている．これらのプロモーター活性は非常に強いため，バクテリオファージのRNAポリメラーゼが少しでも発現すると問題になる場合がある．T7プロモーターを備えたpETシリーズベクターの系などでは，T7 RNAポリメラーゼの活性を阻害するT7リゾチームを別に発現させて完全にポリメラーゼ活性を抑制することもある．

なお，転写開始点以降の塩基が何であっても転写はされるが，最初の塩基がグアニンで，次の塩基がグアニンあるいはアデニンである場合に特に効率良く転写が起こる（図4-19-3）．

転写開始点

```
T3   5'……aattaaccctcactaaag……3'
     3'……ttaattgggagtgatttc……5'

T7   5'……taatacgactcactatag……3'
     3'……attatgctgagtgatatc……5'

SP6  5'……atttaggtgacactatag……3'
     3'……taaatccactgtgatatc……5'
```

図4-19-3 代表的なバクテリオファージ由来のプロモーター配列

20 ゲルろ過

　大腸菌を破砕して得たタンパク質の粗試料には，目的とするタンパク質以外にも様々な物質が混入している。このような混合物から目的のタンパク質を分離する方法にクロマトグラフィー（chromatography）がある。クロマトグラフィーには物質の物理的・化学的性質を利用して分離する，分配，吸着，分子排斥，イオン交換クロマトグラフィーと，物質の生物学的性質，特異的な親和力を利用して分離するアフィニティークロマトグラフィーがある。本書では，タンパク質の分離精製に用いられる分子排斥クロマトグラフィー（本項）とアフィニティークロマトグラフィーの一種であるHis-tag精製（第4部-㉒参照）について説明する。

① 分子排斥クロマトグラフィーとは？

　分子の大きさの違いを利用して分離するクロマトグラフィーで，サイズ排除クロマトグラフィー（size exclusion chromatography；SEC），分子篩クロマトグラフィーとも呼ばれる。固定相である担体には多孔質の物質を用い，移動相として有機溶媒を用いる場合はゲル浸透クロマトグラフィー（gel permeation chromatography；GPC），移動相として水溶液を用いる場合はゲルろ過クロマトグラフィー（gel filtration chromatography；GFC）と分類される。第2巻「遺伝子組換え基礎実習」で取り扱うタンパク質の分離には移動相として水溶液を用いるので，ゲルろ過クロマトグラフィーを行うことになる。

② 分離の原理

　3次元の網状構造を持ったゲル粒子が懸濁している溶液に，大きさの異なる分子を含む溶液を加えると，小さな分子は網状構造をくぐりぬけ，ゲル粒子の内部まで拡散していくが，大きな分子は網に引っかかってしまいゲル粒子の内部まで侵入することは困難である（図4-20-1）。

　したがって，ゲルを詰めたカラムに様々な大きさの分子を含む試料を添加し，緩衝液を流すと，大きな分子ほどゲル内部には侵入できず短い行程を経て溶出してくるのに対し，小さい分子はゲル内部に侵入できるのでより長い行程をたどって溶出してくることになる。つまり，大きな分子ほど早く溶出し，小さな分子ほどゆっくりと溶出されることになる（図4-20-2）。

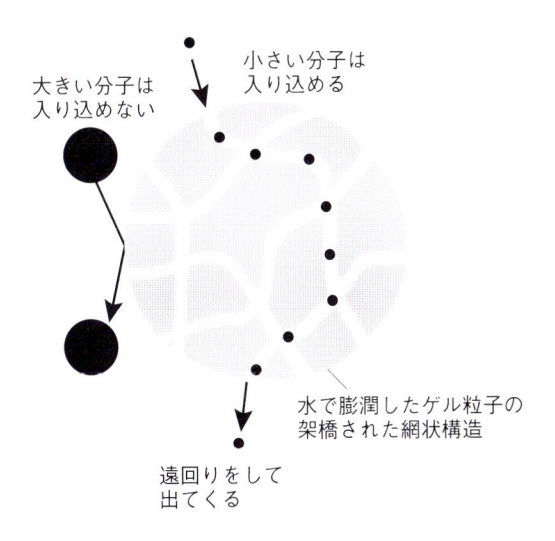

図4-20-1　網目状の粒子と大小の分子の模式図

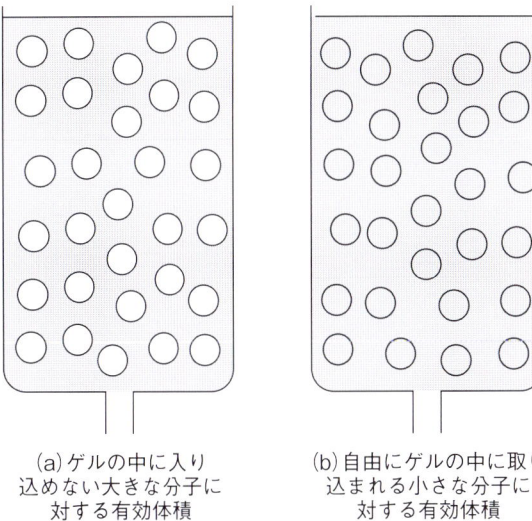

図4-20-2　有効体積の模式図

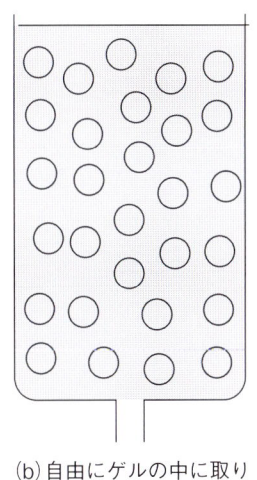

(a) ゲルの中に入り込めない大きな分子に対する有効体積

(b) 自由にゲルの中に取り込まれる小さな分子に対する有効体積

③ カラムの基本パラメータ

カラムにゲルを充填したとき，担体内部を除いた部分〔図4-20-2（a）の灰色部分〕を排除体積（V_e），担体内部も含めた全体部分〔図4-20-2（b）の灰色部分〕をベッド体積（V_b）と呼ぶ。適切に充填されたカラムでは排除体積はベッド体積の約30%となる。充填する担体は基本的に物質に対して吸着性や反応性を示さない不活性な物質でできているので，②で述べたように担体内部に入り込めない大きな分子は，排除体積V_eが流れ出る際，またはその直後にカラムから流れ出てくることになり，担体内部に入り込んだ小さな分子もベッド体積V_bでカラムから流れ出てくることになる。もし，V_b以上の流出液量が必要であった場合，溶質分子と担体の間に何らかの相互作用があることが推測される（図4-20-3）。

グループ分画（大きな分子から小さな分子を除去する）の場合はベッド体積の30%の試料を，高分離分画の場合は，ベッド体積の0.5〜4%の試料をロードすることが推奨されている（使用する担体にも依存するが2%以下が望ましい）。ただし，実際に流してみて，ピーク分離の良いものは試料量を増やしてもよい。

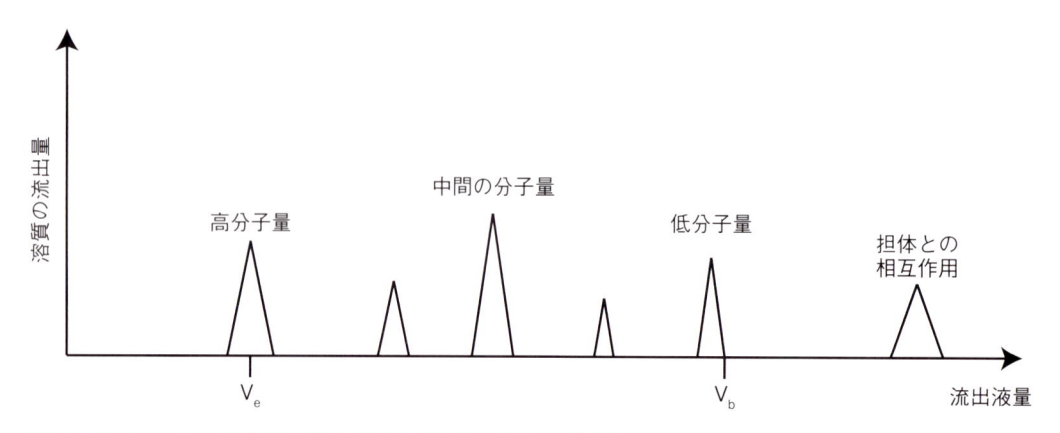

図4-20-3　ベッド体積，排除体積と溶質の流出の関係

④ ゲルろ過に用いられる担体

ゲルろ過に用いられる担体にはその素材により，デキストラン系（GEヘルスケア；Sephadexシリーズ），アガロース系（GEヘルスケア；Sepharoseシリーズ，Superoseシリーズ，バイオラッド；Bio-Gel Aシリーズ），アクリルアミド系（バイオラッド；Bio-Gel Pシリーズ），スチレン系（バイオラッド；Bio-Beadsシリーズ），複合系（GEヘルスケア；Sephacrylシリーズ）などがある。それぞれ，特定の範囲の大きさを持った分子を分画できるように，架橋度が制御された製品がある。例えば，SephadexにはG-10，15，25，50，75，100と分画できる範囲に応じて6種類用意されている（表4-20-1）。また，分画範囲は同じでも，用途に応じて粒子の大きさの違う以下の4種類が用意されているものもある。

Coarse（粗粒）：　　　分取，大規模実験を高流速で行いたい場合
Medium（中間）：　　分取，大規模実験を高速で行いたい場合，または迅速な脱塩やバッファー交換
Fine（微粒）：　　　　一般的なゲルろ過実験
Superfine（超微粒）：特に高い分離能を必要とする場合

さらには，素材や粒径によって使用できるpHの範囲なども異なっている。どの担体を用いたらよいかについては，各販売会社のカタログやHPに詳しいデータが掲載されているので，事前によく調べておくことをお薦めする。

表4-20-1 ゲルろ過用担体の性質

担体		分画範囲（Da）		pH安定性	対応する
Sephadex	粒径	球状タンパク質	デキストラン	（使用時）	Bio-Gel*
G-10		>700	>700	2〜13	
G-15		>1,500	>1,500	2〜13	P-2
G-25	Coarse/Medium	1,000〜5,000	100〜5,000	2〜13	P-4
	Fine/Superfine				P-6
G-50	Coarse/Medium	1,500〜30,000	500〜10,000	2〜10	P-10
	Fine/Superfine				P-30
G-75		3,000〜80,000	1,000〜50,000	2〜10	P-60
	Superfine	3,000〜70,000			
G-100		4,000〜150,000	1,000〜100,000	2〜10	P-100
	Superfine	4,000〜100,000			

＊素材は違うが，分画範囲がほぼ同じもの

⑤ ゲルろ過の特徴と注意点

これまで述べたように，ゲルろ過は非常に単純な原理，操作で物質の分離ができるが，さらには
・標準物質を流すことで，高分子物質の平均分子量および分子量分布が同時に測定可
・カラム長にもよるが，測定可能な分子量範囲が数百〜数億と幅広い
という特徴がある。また，注意すべき点として
・分子の形状は様々なので，分子量と分子の大きさが必ずしも対応しない
・担体と試料が特殊な相互作用（吸着，イオン交換など）をする場合は，溶出時間と分子量が対応しない
などの点が挙げられる。

㉑ キレート効果

　キレート (chelate) とは，同一分子内の複数の原子，イオンが1つの金属イオンに結合（配位結合）することであり，このような化合物をキレート配位子（キレート剤）と呼ぶ。
　第2巻「遺伝子組換え基礎実習」で使用するTBEバッファーに含まれるEDTAや，His-tag精製に必要なIMACなどに用いられるIDAなどは代表的なキレート配位子であり，分子生物学実験ではこれらのキレート配位子が随所に用いられている。本項では，その化学的基礎について簡単にまとめておく。

① キレート配位子

　金属錯体は，中心の金属原子または金属イオンを，配位子と呼ばれるイオンや分子が取り囲んでいる化合物のことである。アンモニア (NH_3) や水 (H_2O) のような配位子は，それぞれNとOの非共有電子対を用いて，中心金属と配位結合する。このように1つの分子，イオンが1か所で中心金属と結合するような配位子を単座配位子と呼ぶ。一方，エチレンジアミン (ethylenediamine；en) やエチレンジアミン四酢酸 (ethylenediaminetetraacetic acid；EDTA) などの配位子はそれぞれ1分子あたり2つのN，2つのNと4つのO^-で中心金属と配位結合する（図4-21-1）。

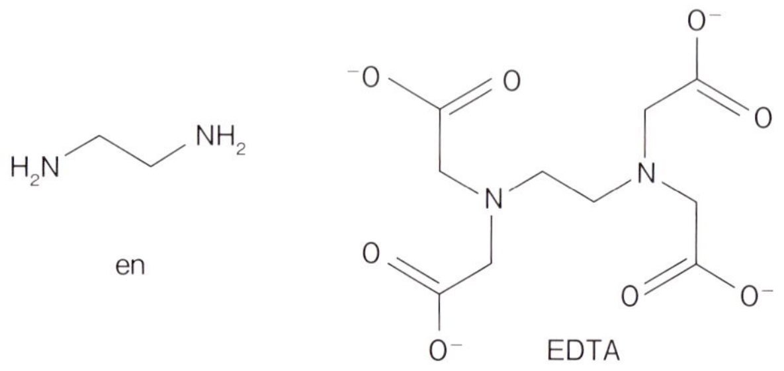

図4-21-1　enとEDTAの構造

　このように1分子で複数の配位座を占めるような原子団を，多座配位子またはキレート配位子と呼ぶ。また，金属とキレート配位子でできる環状構造をキレート環と呼ぶ。

② キレート効果

　一般にキレート配位子は，対応する単座配位子よりも安定な錯体を形成する。このように，キレート環を形成するキレート配位子が高い安定性を示すことをキレート効果という。
　例えば，Ni^{2+}イオンにNH_3が6分子配位するのとenが3分子配位するのでは，およそ10^{10}倍enの錯体が安定となる。この安定性は，キレート環の形成がエントロピー的に有利になるためにもたらされる。

$$[Ni(H_2O)_6]^{2+} + 6NH_3 \rightleftarrows [Ni(NH_3)_6]^{2+} + 6H_2O \quad \cdots\cdots \text{式1}$$

$$[Ni(H_2O)_6]^{2+} + 3en \rightleftarrows [Ni(en)_3]^{2+} + 6H_2O \quad \cdots\cdots \text{式2}$$

　式1では錯形成反応式の両辺で自由な分子の数は変化しないが，式2では左辺から右辺に変化すると3分子自由な分子数が増し，全体として自由度が上がるのでエントロピーが増大することになる。
　ただし，キレート効果は一般に5員環ないし6員環が最も大きくなり，7員環が限界で，それ以上の員環では効果は小さくなってしまう。

③ 安定度定数

錯体の安定度を定量的に表すには，以下の安定度定数が用いられる。

金属イオンをM，配位子をLで表し，簡単にするために電荷を省略すると，錯形成反応は

$$M + L \rightleftarrows ML$$

となり，この反応の平衡定数は

$$K = \frac{[ML]}{[M][L]}$$

と表せる。このKを安定度定数（または，結合定数）と呼ぶ。これを拡張してn個の配位子が金属イオンに配位してML_n型錯体を形成する反応は，

$$M + L \rightleftarrows ML \qquad K_1 = \frac{[ML]}{[M][L]}$$

$$ML + L \rightleftarrows ML_2 \qquad K_2 = \frac{[ML_2]}{[ML][L]}$$

$$ML_{n-1} + L \rightleftarrows ML_n \qquad K_n = \frac{[ML_n]}{[ML_{n-1}][L]}$$

と表され，$K_1, K_2, \ldots, K_n$を逐次安定度定数と呼ぶ。また，ML_nの錯形成反応は

$$M + nL \rightleftarrows ML_n \qquad \beta_n = K_1 \cdot K_2 \cdots K_n = \frac{[ML_n]}{[M][L]^n}$$

とも表すことができ，このβ_nを全安定度定数と呼ぶ。②で比較した錯体の安定性というのは，この全安定度定数を比較したもので，β_nが大きいということは，分母が小さく，分子が大きい，つまり錯形成方向に平衡が偏っていることを示している。

㉒ アフィニティークロマトグラフィーと His-tag

前項では，物質を分子量で分離するゲルろ過を取り扱ったが，本項では生体分子ならではの性質を利用したアフィニティークロマトグラフィー（affinity chromatography）について，簡単に原理を説明する。また，アフィニティークロマトグラフィーの1種であるHis-tag精製について少し詳しく説明する。

① アフィニティークロマトグラフィーとは？

アフィニティークロマトグラフィーは，核酸やタンパク質など生体高分子間の，または生体高分子と低分子量化合物との親和性（アフィニティー）により物質を分離する方法である。例えば，ある酵素を分離したい場合，その酵素に可逆的に結合する阻害剤などの低分子物質をリガンドとして担体に固定化し，そこに分離したい酵素を含む試料溶液を流す。すると酵素がリガンドに結合するので，担体をよく洗浄した後，溶出させることで目的の酵素を得ることができる。

② 固定化金属アフィニティークロマトグラフィー（immobilized metal ion adsorption chromatography；IMAC）

金属キレートアフィニティークロマトグラフィー（metal chelate affinity chromatography；MCAC）とも呼ばれる。IMACに用いるゲル担体には，2価金属イオンに対するキレート能の高いイミノ二酢酸（iminodiacetic acid；IDA）が修飾されている（図4-22-1）。

まず，このIDAと金属イオン（Cu^{2+}，Ni^{2+}，Zn^{2+}，Co^{2+}，Ca^{2+}など）を錯形成させ，さらにその金属イオンにタンパク質中の金属配位性側鎖を持つヒスチジン，トリプトファン，システインなどを配位結合させることで，目的とするタンパク質を精製することができる。タンパク質-金属イオン間の結合の強さは，タンパク質の種類（結合できるアミノ酸側鎖の数），金属イオンの種類，用いるバッファーの条件などにより変化させることができるので，条件を精密に設計することで幅広いタンパク質を分離することができる。一般によく用いられる2価金属イオンでは，

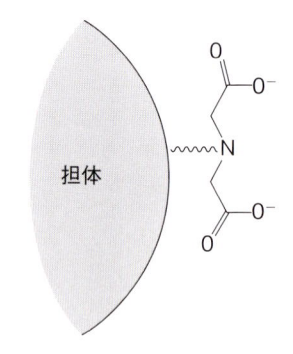

$$Cu^{2+} > Ni^{2+} > Zn^{2+} > Co^{2+}$$

の順で結合力が強い。

図4-22-1　担体に固定化されたIDAの構造

③ His-tag

遺伝子工学で作り出したタンパク質などに導入される6〜10程度の連続したヒスチジン残基からなるタグペプチドの1種であり，上述のIMACによって精製する際に用いられる（図4-22-2）。

通常，目的タンパク質のN末端またはC末端に付加され，特に問題がない場合は除去せずにそのまま用いる。どちらの末端に付加するかは，目的タンパク質の性質や，His-tagをどうやって除去するかによって決めるが，His-tagを除去する場合は，通常入手しやすいジペプチジルアミノペプチダーゼ（N末端からアミノ酸を加水分解するエキソペプチダーゼの1種）を利用するためN末端に付加される場合が多い。

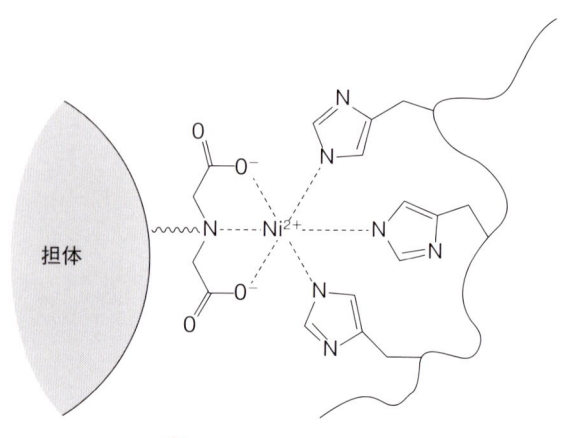

図4-22-2　Ni^{2+}を介したIDAとHis-tagの結合

23 ルシフェラーゼ

① 生物発光

ホタルが光を発することは古くから知られているが，発光する生物はホタル以外にも数多く，現在数百種以上知られている。生物による発光現象は生物発光（bioluminescence）と呼ばれ，古くから注目されており，17世紀に研究の端緒が見られる。その後も発光に関係するタンパク質や発光機構など生物発光の研究が行われてきた。分子生物学実験では，プロモーター活性の測定などの際に，ルシフェラーゼ（luciferase）をタンパク質の発現定量に利用することが多い。

② ルシフェラーゼによる生物発光のメカニズム

一般的な生物発光は，ルシフェリン-ルシフェラーゼ反応と呼ばれる化学反応により生じる。ホタルの場合，基質であるルシフェリン（luciferin）は，高エネルギー中間体であるAMPエステルを経由して酸化酵素であるルシフェラーゼにより酸化される。その際生じるエネルギーで励起オキシルシフェリンが生成され，これが基底状態（エネルギーが一番低い状態）に戻る際に光を発する（図4-23-1）。この生物発光は非常に効率が良く，量子収率は少なく見積もっても0.4以上であると報告されている。

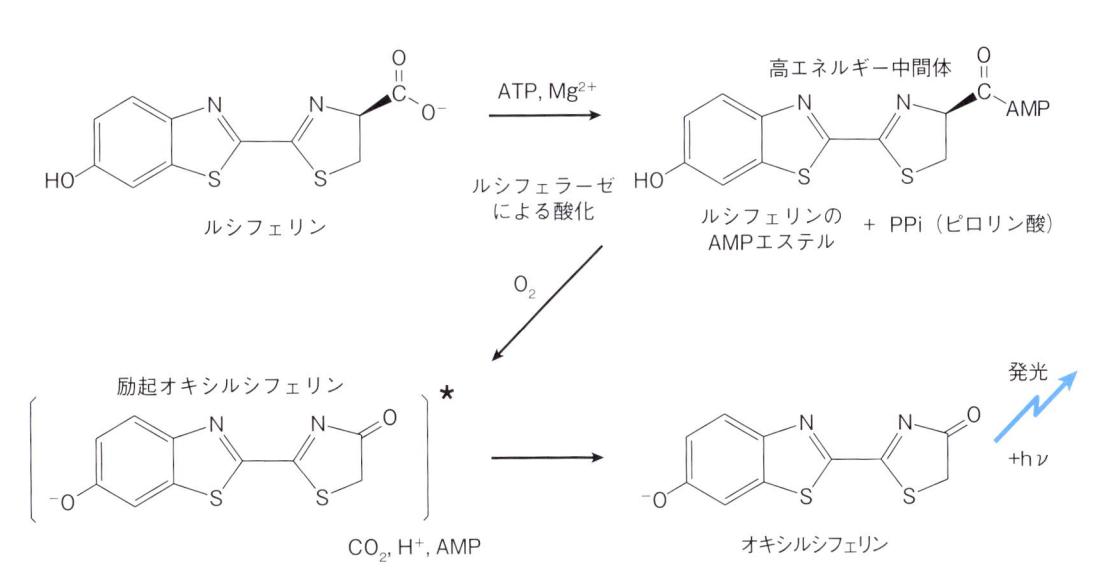

図4-23-1　ルシフェラーゼによる発光メカニズム

ルシフェリン，ルシフェラーゼは生物種に特有であり，それぞれ異なった機構で発光する。例えば，ホタルのルシフェラーゼは発光するためにO_2とATPが必要であり，オワンクラゲのエクオリンはO_2とCa^{2+}が必要である。発光機構がまだよくわかっていないものも多いが，一般的には，ホタルやオワンクラゲの場合のように，基質に加えて補因子を必要とするものが多い。

ルシフェラーゼは種ごとに異なるルシフェリンを基質とするため，異なるルシフェラーゼを利用することによって，同時に2つ以上の遺伝子発現量を定量することができる。分子生物学実験では，ホタル由来のルシフェラーゼの他，ウミホタルやウミシイタケ由来のルシフェラーゼなど，数種のルシフェラーゼが利用されている。第2巻「遺伝子組換え基礎実習」で使用するpUC18-Glucは，分子量がホタルルシフェラーゼの3分の1程度（20kDa）と非常に小さな，*Gaussia princeps*から得られたルシフェラーゼにHis-tag配列を付与したタンパク質遺伝子を有している。

㉔ 蛍光タンパク質

近年の分子生物学実験においては，レポータータンパク質として蛍光タンパク質が多用される．その代表例が緑色蛍光タンパク質（green fluorescent protein；GFP）である．

GFPは，1962年に下村脩博士らによってオワンクラゲ（*Aequorea victoria*）から発見された発光するタンパク質で，下村博士はその業績により2008年にノーベル化学賞を受賞されている．1992年にPrasherらがGFPのcDNAを得ることに成功し，1994年にChalfie, Tsienらがトランスジーンとして線虫の神経細胞に導入し発現することに成功した．その後，野生型タンパク質をもとに遺伝子工学的に改変された，蛍光強度や波長特性の異なる改変型GFPが数多く作製され，レポーター遺伝子として幅広く用いられている．

GFPはオワンクラゲ内では，別の発光タンパク質であるエクオリン（イクオリン：Aequorin）の青色の化学発光を緑色の発光に変換するタンパク質であり，他の発光タンパク質とは異なり，発光するのに補因子（cofactor）を必要としない（O_2は必要であるが，嫌気条件下のような厳しい無酸素条件でなければ特に加える必要はない）ことが特徴で，その特徴ゆえに幅広い応用が可能となっている．

GFPは238個のアミノ酸からなる約27kDのほぼ球状のタンパク質であり，11個のβシートで囲まれた樽状構造（βバレル）内を貫くαヘリックスにある65～67残基目のセリン（S），チロシン（Y），グリシン（G）が翻訳後修飾を受け，蛍光[注]を発する発色団を形成する（図4-24-1，図4-24-2）．実際の発光にはイオン化した発色団も関係している．

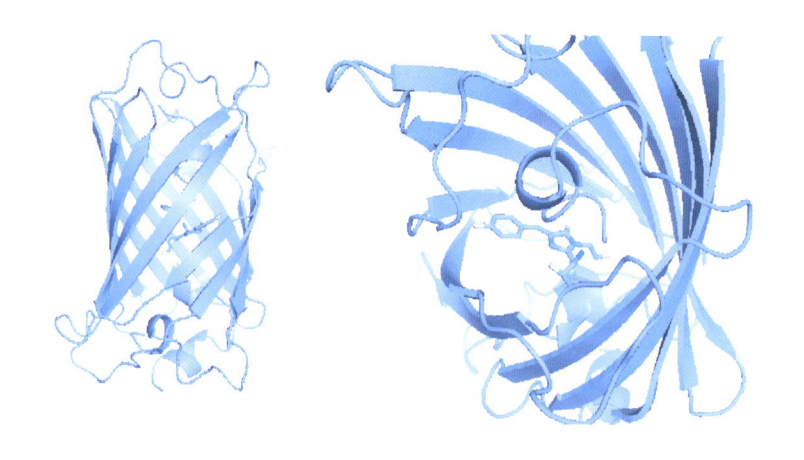

図4-24-1　GFPの構造
左：全体像，右：発色団（図4-24-2参照）が形成されている様子．
Protein Data Bank 1EMAのデータをもとに画像化．

注）蛍光は，可視光や紫外光などの電磁波により高いエネルギー状態に励起された分子が基底状態に戻るときに発する光のことである．照明としてよく用いられる蛍光灯も，放電された電子によって励起された水銀原子から放出される紫外線によって，ガラスに塗布された蛍光物質を励起し，そこから放出される可視光線を利用している．ホタルの光は漢字で「蛍光」と書くが，科学的には蛍光ではなく，生物発光（第4部-㉓参照）である．

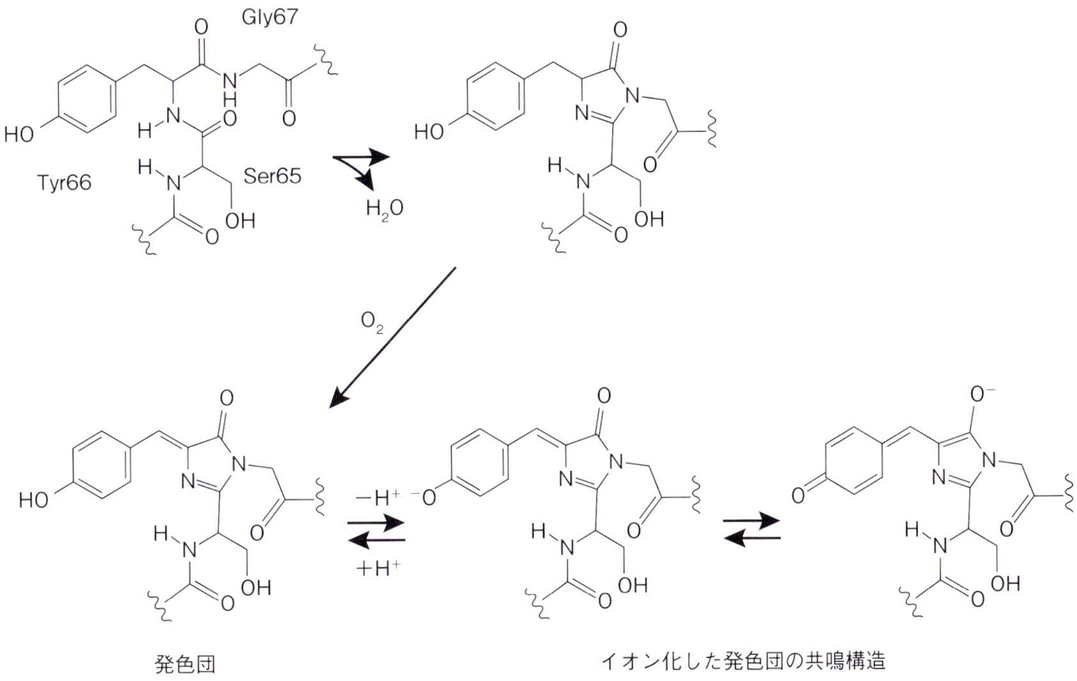

図4-24-2　3つのアミノ酸残基SYGによる発色団の形成

　オワンクラゲ内では，エクオリンが発する青色の光（460 nm）のエネルギーを吸収して[注]，GFPは励起状態のGFP*になり，緑色の光（510 nm）を発して基底状態のGFPに戻る。また，精製したGFPは波長400 nm付近の電磁波によって励起可能で，非タンパク質成分の補因子なしでも，オワンクラゲ内と同様に発光することができる。

> 注）正確には，励起状態にあるエクオリンからFörster型共鳴エネルギー移動〔förster resonance energy transfer；FRET（fluorescence resonance energy transfer；蛍光共鳴エネルギー移動，とも呼ばれる）〕によって，励起エネルギーがGFPの発色団に移動することにより，GFP*へと励起される。

　GFPだけではなく，サンゴやイソギンチャクなどの花虫綱，あるいは甲殻類などに由来する蛍光タンパク質も精製，クローニングされて広く用いられている。第2巻「遺伝子組換え基礎実習」で紹介するAmCyanとDsRedも，それぞれ*Anemonia majano*と*Discosoma* sp.（種小名不明）という花虫綱生物由来のGFP様蛍光タンパク質である。現在では，幅広い励起波長と蛍光波長を持つ様々な蛍光タンパク質遺伝子が提供され，利用可能となっている。GFPをはじめとする多くの蛍光タンパク質は他のタンパク質との融合タンパク質としても機能するので，様々なタンパク質の細胞内局在を調べるためにタグ配列として付与されて用いられている。

㉕ ポリアクリルアミドゲル電気泳動（PAGE）

ポリアクリルアミドゲル電気泳動（polyacrylamide gel electrophoresis；PAGE）は，アガロースゲル電気泳動では分離が困難なサイズの小さい核酸断片やタンパク質の分離に有用である．ここでは，PAGEについて解説する．

① ポリアクリルアミドゲル

ポリアクリルアミドゲルは，アクリルアミドのラジカル重合によってつくられる化学架橋型の合成高分子ゲルである（図4-25-1）．この反応では，開始剤である過硫酸アンモニウム（APS）と重合促進剤であるN, N, N', N'-テトラメチルエチレンジアミン（TEMED）の存在下，アクリルアミドとN, N'-メチレンビスアクリルアミド（Bis）が共重合することによりゲルが形成される．このポリアクリルアミドゲルを用いた電気泳動をPAGEという．アガロースゲル電気泳動と同様，PAGEでも核酸断片の移動度の差は，ゲルの網目構造中の網目の大きさで決まる．網目の大きさは，重合時に用いるアクリルアミド濃度［total %；%T，%T＝（アクリルアミド＋Bis）×100（w/v）］，アクリルアミドとBisの混合比［cross-linker %；%C，%C＝Bis／（アクリルアミド＋Bis）×100（w/w）］によって調節できる．各アクリルアミド濃度で分離できるDNA断片のサイズは第3部-④-①の表3-4-3を参照してほしい．

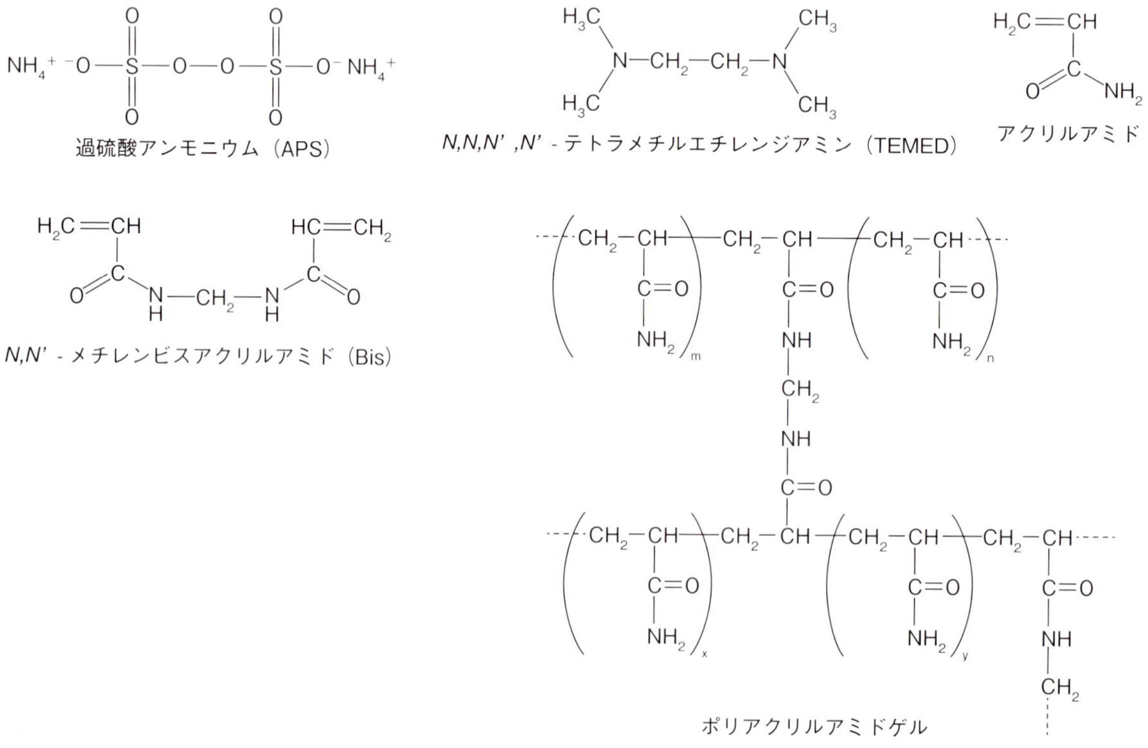

図4-25-1　ポリアクリルアミドゲル作製に用いる化合物およびポリアクリルアミドゲルの構造

② 核酸のポリアクリルアミドゲル電気泳動

非変性条件下で，二重らせん構造をとらないRNAや一本鎖DNA断片のPAGEを行うと，その移動度は主に核酸断片が形成する高次構造に大きく依存する．そのため，同じ大きさ（鎖長）の核酸断片であっても，塩基配列によって核酸分子がとる高次構造が異なり，移動度が変わる．それらのバンドを検出することで遺伝子の変異を識別できる．この手法をSSCP（single strand conformational polymorphism analysis）という．一方，二重らせん構造をとる二本鎖核酸断片では，いずれの核酸分子も剛直な直線状の分子構造になるため，大きさが同じであれば基本的に同じ移動度になる．つまり，移動度は核酸分子の大きさにのみ依存する．しかし，二本鎖断片中にミスマッチがあると，フルマッチの核酸断片が

とる二重らせん構造を部分的に歪めるため，全体として見かけのサイズが変わり，移動度が変化する場合もある。

一方，尿素（$NH_2\text{-}CO\text{-}NH_2$）やホルムアミド（$NH_2\text{-}CHO$）などの変性剤存在下では，核酸分子の二重らせん構造を含む高次構造が壊されるため，移動度は分子の大きさのみに依存する。したがって，核酸分子の大きさによる分離が可能になる。例えば，シークエンスの解析に用いる変性PAGE中の高濃度の尿素は，塩基中の電荷を中和してヌクレオチド間の水素結合を切断する。その結果，二本鎖DNAは解離して一本鎖DNAになり，また一本鎖DNAは分子内水素結合による高次構造が壊れて直線状になる。この状態で電気泳動を行うと，線状分子はその大きさ（分子量）に応じた移動度を示し，きれいに分離される。

③ タンパク質のSDS-ポリアクリルアミドゲル電気泳動

タンパク質の電気泳動では，もっぱらポリアクリルアミドゲルを分子篩として用いる。なかでも，多用されている方法がSDS-PAGEである。2-メルカプトエタノールのような還元剤を用いてジスルフィド結合を切断したタンパク質試料に，負の電荷を持つ界面活性剤であるSDS（sodium dodecyl sulfate）を入れておくと，SDSがタンパク質と結合することによりタンパク質の高次構造がほとんど壊れ，元の形状によらず1本の直線状になる（図4-25-2）。さらに，タンパク質に結合するSDSの量は，タンパク質1gに対して約1.4gと一定であることから，元の荷電状態がキャンセルされ，アミノ酸組成などに関係なく，結合したSDSの量に応じて電荷密度が一定になる。つまり，タンパク質分子の形状に違いがなくなり，分子ごとの荷電量がタンパク質の分子量に比例することから，タンパク質の移動度はその分子量のみに依存する。そこで，分子量が既知のタンパク質をマーカーとして同時に電気泳動し，その移動度を元に検量線を作成し，それと比べることで未知のタンパク質の分子量を推定することができる。一方，SDSと還元剤を共に入れないネイティブポリアクリルアミドゲル電気泳動（Native-PAGE）も可能である。Native-PAGEでは，アミノ酸組成により荷電状態が変わり，タンパク質の複合体も解離せず，立体構造も保たれたまま泳動されることから，移動度と分子量の関係はわからない。ただし，酵素活性を保っている可能性も高いことから，活性を指標に目的のバンドを検出することができる（図4-25-2参照）。

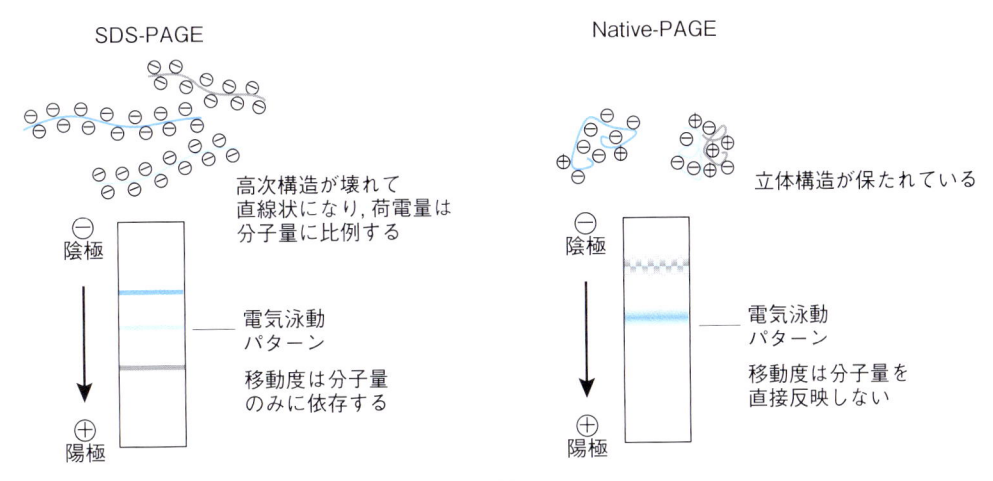

図4-25-2　SDS-PAGEとNative PAGEの比較

③ 泳動度と分子量の関係

高分子の挙動を予測する拡張オグストンモデルに基づくと，泳動距離と（分子半径の3乗に比例する）分子量の対数との間に，分子が大き過ぎも小さ過ぎもしない一定範囲で比例関係が成立する。鎖長は分子量と比例するため，鎖長の対数も泳動度と直線的な相関を持つ。この相関は，物質がある網目構造の間隙を通過するとき，衝突する確率がゲルの密度と（分子半径の2乗に比例する）分子の断面積に比例するという仮定に基づいている。DNAをPAGEで解析する場合にはこちらが適している。

なお，ややフレキシブルな鎖状分子を仮定すると，泳動度の対数と分子量の対数との間に比例関係が成立し，泳動度と分子量の両対数プロットが直線になる。タンパク質をSDS-PAGEで解析する場合にはこちらが適していることもある。

26 ウェスタンブロッティング

　電気泳動後のタンパク質を電気的にヌクレオポアフィルター（メンブレン）に移し取る作業（転写），あるいはそのような作業を含む実験をウェスタンブロッティング（western blotting）と呼ぶ．ゲルとメンブレンを密着させたゲルサンドイッチにバッファー中で電圧をかけ，ゲル内のタンパク質をメンブレン上に移動させる．ほとんどの場合は，注目しているタンパク質のバンドを，抗体を用いてメンブレン上で免疫的に検出する．この方法は感度も高く，抗原抗体反応の特異性も高いことから，特定の分子を高感度で検出する手軽で良い方法である．

　ブロッティングの方法には現在，以下の2通りがよく用いられている（図4-26-1）．

① セミドライ式ブロッティング

　バッファーをろ紙に染みこませ，ろ紙の間にゲルとメンブレンを挟み，電圧をかける．高分子量のタンパク質の転写効率はあまり良くないとも言われているが，現在ではほとんどこの方法が用いられている．ブロッティングは30分程度で終了し，バッファーの使用量も少なくて済む．

② ウェット式ブロッティング

　タンクの中に電気抵抗の高いブロッティングバッファーを入れ，その中にゲルとメンブレンを浸け込んで電圧をかける．操作が簡単でほとんど失敗がなく，高分子量のタンパク質も比較的転写しやすく，きれいなブロッティングが行いやすい．その反面，ブロッティングに時間がかかり（4時間程度），冷却装置を必要とし，バッファーを比較的大量に使用することから，現在ではあまり用いられない．

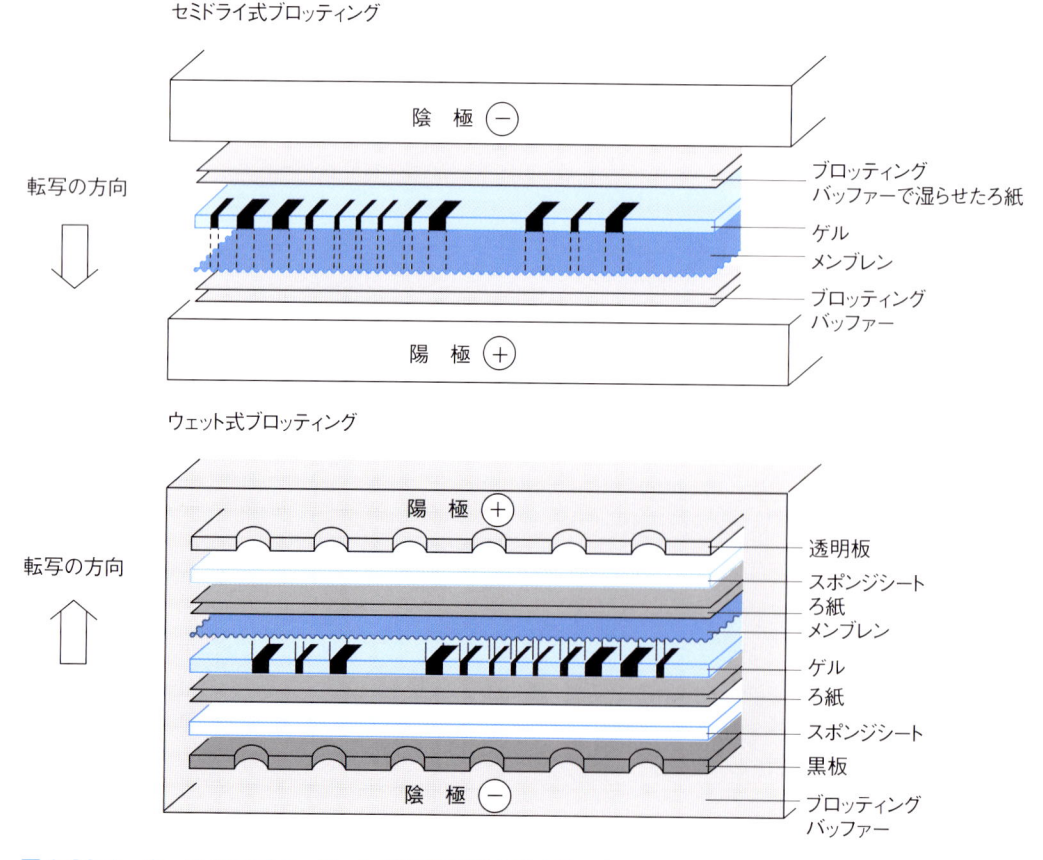

図4-26-1　ウェスタンブロッティングを行う際のゲルサンドイッチの構成

③ ウェスタンブロッティングで使うメンブレン

タンパク質のブロッティングに用いられるメンブレンの素材には，主に以下の3種類がある。

■ ニトロセルロースメンブレン

一般に広く用いられ，使いやすい。タンパク質の結合能力は80〜100 μg/cm^2である。メンブレンが割れやすいといった物理的な弱さはあるが，その欠点を補うサポート膜のついたメンブレンもある。

■ ナイロンメンブレン

タンパク質の結合能力は約200 μg/cm^2と高く，物理的強度も十分である。電荷を持たせたものや，化学的修飾を行ったものもある。メンブレン自体が染まってしまうため，染色剤による処理はできないが，免疫染色などには適している。

■ PVDF（polyvinylidene difluoride）メンブレン

タンパク質の結合能力は200〜300 μg/cm^2と非常に高い。使用する前にメタノールでの前処理が必要だが，免疫染色にも色素染色にも適している。

また一般的に，メンブレンにはポアサイズ（孔径の平均的な大きさ）が0.45 μmのものと0.22 μmのものがある。0.45 μmのメンブレンは，分子量が約15,000以下のタンパク質の保持があまり良くないと言われているが，通常のタンパク質のブロッティングにはどちらを用いても支障はない。

27 抗体分子の構造

IgG抗体は，全体としてY字形をしており，免疫グロブリン重鎖（H鎖）と免疫グロブリン軽鎖（L鎖）がS-S結合によってつながり，さらにそのヘテロダイマー2組がH鎖のほぼ中央付近でS-S結合によりつながっている（図4-27-1）。つまり抗体分子は，2本のH鎖と2本のL鎖から構成されている。

L鎖のN末端側約1/2とH鎖のN末端側約1/4は，抗体分子ごとにアミノ酸配列が異なっており，可変領域（variable region；それぞれV_L region，V_H region）と呼ぶ。このL鎖とH鎖の可変領域が組み合わさって抗原認識部位を作っており，IgG1分子に2つの抗原認識部位を持つ（二価抗体と呼ばれる）。L鎖のC末端側約1/2とH鎖のC末端側約3/4は，同じサブクラス内ではほとんどアミノ酸配列が同一であり，定常領域（constant region；それぞれC_L region，C_H region。C_HはさらにC_H1，C_H2，C_H3の3つのドメインに分けられる）と呼ぶ。この定常領域が，動物種の特異性を担っている。

IgG分子のY字形の首の部分を蝶番部分（ヒンジ部；hinge region）と呼ぶが，IgG分子をパパインという酵素で分解するとヒンジ部で切断され，抗原認識部位を含む部分（Fab；antigen-binding fragment，分子量：約5万）と定常領域の一部分（Fc；crystallizable fragment，分子量：約5万）とに分かれる。また，IgG分子をペプシンという酵素で分解すると，Fabが2つつながったF(ab')$_2$が生じる。FabやF(ab')$_2$は，Fcをほとんど含まないため特異性に優れ，分子量が小さいので組織への浸透性がよいなどの利点もある。Fabは，抗原と抗原を架橋できないので免疫沈降を起こさない。

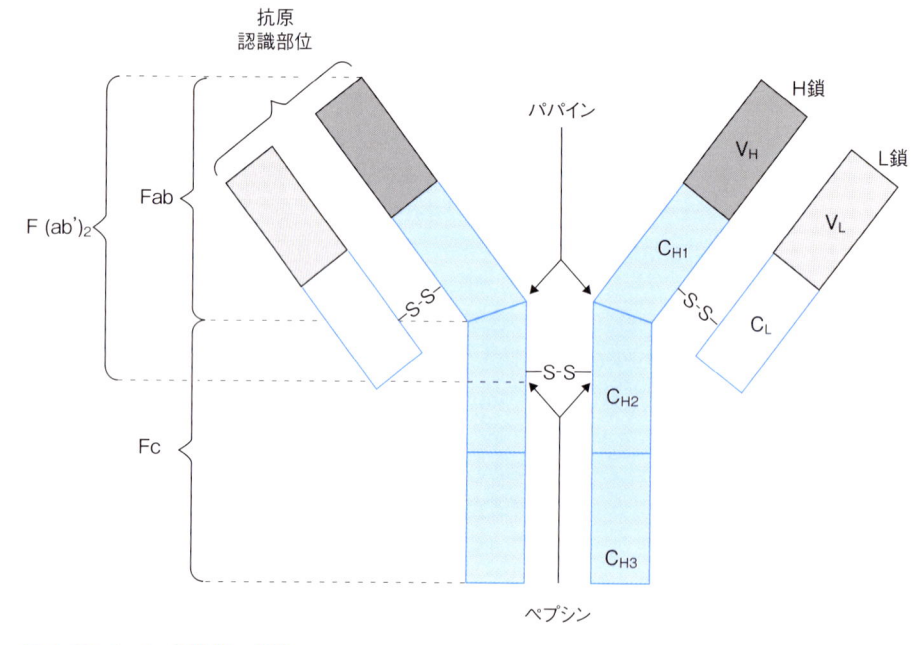

図4-27-1　IgG抗体の構造

① 抗体のクラス

抗体は，その定常領域の違いにより5つのクラスに分けられる（表4-27-1）。ヒトの場合では，IgGはさらにIgG1，IgG2，IgG3，IgG4，IgAはIgA1，IgA2のそれぞれのサブクラスに分けられる。マウスのIgGの場合では，IgG1，IgG2a，IgG2b，IgG3，免疫グロブリンのクラスやサブクラスによって，免疫沈降の際のプロテインAへの吸着性が異なるなど，その違いは重要である（表4-27-2）。また，間接抗体法で用いる二次抗体は，一次抗体のクラスに対応したものを選ぶ必要がある。

表4-27-1 ヒト免疫グロブリンのクラスとその性状

クラス	IgG	IgA	IgM	IgD	IgE
分子量	146,000	160,000/320,000	900,000	184,000	188,000
H鎖	γ	α	μ	δ	ε
L鎖	κ, λ	κ, λ	κ, λ	κ, λ	κ, λ
Y字形基本構造の数	1	1 or 2	5	1	1
血清免疫グロブリン中の%	79	13	8	0.2	0.001
体内での主な存在場所	血液，組織液	単量体は血液 2量体は唾液，涙液，膣分泌物など	血液 Bリンパ球表面では単量体	Bリンパ球表面	アレルギー疾患で血中濃度上昇。マスト細胞のFc受容体と結合

表4-27-2 種々の動物のIgGサブクラスによるプロテインAおよびGへの結合能の違い

動物種	IgGサブクラス	プロテインA	プロテインG
ヒト	IgG1	++	++
	IgG2	++	++
	IgG3	−	++
	IgG4	++	++
マウス	IgG1	+	+
	IgG2a	++	++
	IgG2b	++	++
	IgG3	++	++
ラット	IgG1	+	+
	IgG2a	−	++
	IgG2b	−	+
	IgG2c	+	+
ウシ	IgG1	+	++
	IgG2	−	++
ニワトリ	IgY	−	+
イヌ	IgG	++	++
ヤギ	IgG1	−	+
	IgG2	+	+
モルモット	IgG	++	+
ブタ	IgG	+	++
ウサギ	IgG	++	++
ヒツジ	IgG1	−	+
	IgG2	+	+

ヒトやイヌのIgMは結合能があるとされるが，その結合は弱い。一般的にIgMはプロテインAやGに結合しないと考えたほうがよい。++：強い，+：弱い，−：結合しない。

② 抗体を取り扱う際の注意

　抗体はタンパク質なので，タンパク質を変性させるような条件，すなわちプロテアーゼのコンタミ，高温，極端なpHなどを避けることはもちろんだが，その他にも，抗体としての活性を維持するためには，守らなければならないことがいくつかある。

1）凍結融解を繰り返さない。
　　ただし，たびたび繰り返すことがよくないのであって，一度や二度なら大丈夫な場合が多い。抗体は，一度に大量に使用する場合を除き，原液を少量ずつ分注して－80℃あるいは－20℃の冷凍庫で保存する。一度融解した後は4℃で保存する。－80℃ならほとんど活性は失われない。4℃なら数か月～1年程度保存できる。

2）pHを7～8に保つ。
　　酸性条件下では抗体が失活しやすい。pHが高くてもタンパク質の変性が起こる。停電の際などに冷凍庫にドライアイスを入れた場合，凍った状態でもpHが下がり，抗体を失活させることがあるので，冷凍する際にはキャップなどをしっかりと閉め，パラフィルムを巻くなど，できるだけ外気がチューブ内に進入しないように配慮する。

3）できるだけ濃い濃度のままで保存し，希釈は使用の直前に行う。
　　二次抗体には，1/5,000や1/10,000に希釈して使用するものもある。この場合，段階希釈で，1/100程度の希釈抗体を作る必要が出てくる。こういった希釈抗体も数日しかもたないものと考え，最低限の量を作る。

4）使用する際には，氷箱を用意して低温を保つ。
　　数十μL程度の少量に分注した抗体原液は，指先の体温ですぐに温度が上がってしまう。チューブを手で握り締めたり，チューブの底の部分を指で挟んで保持したりすることは避ける。

5）購入した抗体液には，アジ化ナトリウム（NaN_3）が防腐剤として入っていることが多い。
　　NaN_3は呼吸系の阻害剤で，ヒトにも有害なので取扱いに注意する。

6）抗体を希釈するバッファーは無菌的でなくてもよい。
　　希釈後は通常1時間程度の振盪で，その後使い捨てとなることから，無菌的でなくてもよい。

③ 抗体の名前

　　これといった規則のようなものは特にないが，それぞれに重要な情報を羅列して名前の代わりにしている。十数年前までは，特定の動物から精製してきたタンパク質を抗原として，ウサギやヤギなどの動物に免疫感作して作られる場合が多く，抗原の由来動物を記すことが重要であった。現在では，遺伝子配列の情報から目的タンパク質の一部のペプチドを合成し，感作抗原として作られる場合が多くなっている。この場合，配列によっては複数の生物種に共通の配列である場合も多く，抗原配列の由来を記すことはさほど重要ではなくなってきている。

■ 一次抗体における例
　　「anti-phospho-EGFR (pTyr845) antibody produced in rabbit : affinity isolated antibody : species reactivity ; human, mouse, rat」
「何の分子に対する抗体か？」「抗体を作った動物は何か？」「モノクローナル抗体か，抗血清あるいは抗血清から精製した抗体か？」「どの生物種の抗原を認識できるか？」などの情報が羅列される。短縮すると，
「anti-phospho-EGFR (pTyr845)」
「抗-何々抗体」と，認識する分子の前に「抗-」をつけて呼ぶ。

■ 二次抗体における例
　　「anti-mouse IgG (whole molecule) -alkaline phosphatase labeled」
「何の動物のどのサブクラスの抗体に対する抗体か？」「認識するのは抗体分子の全体か一部か？」「標識分子は何か？」などの情報が羅列される。短縮すると，
「AP-anti-mouse IgG」
「何々標識，抗-何々抗体」と，標識分子および認識するIg分子の動物とクラスがわかるようにする。

28 免疫染色

　免疫染色は，特定のタンパク質に対する抗体を利用して，ウェスタンブロッティングのメンブレン上や，固定組織標本上などで抗体抗原反応を行うことにより，その特定のタンパク質を検出する方法である．検出方法を大別すると，直接法と間接法に分けられる．最近では，検出感度の高い間接法が一般的である．

①直接法
　特異的抗体を直接標識し，その標識を検出することで特定のタンパク質を検出する方法（図4-28-1-A）．ワンステップで染色が可能で簡便であるが感度は低い．

②間接法
　特異的抗体（一次抗体）を抗原として認識する抗体（二次抗体）を標識し，その標識を検出することで特定のタンパク質を検出する方法．二次抗体には，特定の動物種の免疫グロブリンを認識する抗体を利用し，一次抗体を認識させる．同じ動物種由来の一次抗体であれば同じ二次抗体が利用できることから，汎用性が高い．

　間接法にも様々なバリエーションがある．主なものを以下にいくつか挙げる．

①酵素抗体法
　二次抗体の標識にHRP（horseradish peroxidase, 西洋わさび過酸化酵素）（第4部-㉚参照）やAP（alkaline phosphatase, アルカリフォスファターゼ）（次項参照）などの酵素を用いて，酵素反応の結果生じた沈殿物の色素を検出する（図4-28-1-B）．ウェスタンブロッティングによく用いられる．

②蛍光抗体法
　二次抗体の標識にFITC（fluorescein isothiocyanate；緑色の蛍光を発する）やローダミン（rhodamine；赤色の蛍光を発する）などの蛍光色素を用いて，それぞれに対応する波長の励起光を当てて蛍光を検出する．組織染色によく用いられる．

③ABC法
　二次抗体の標識にビオチン〔biotin；ビタミンB複合体の1つで，卵白に存在するアビジン（avidine）というタンパク質に特異的かつ強固に結合する〕を用いる．このビオチンに，アビジンと酵素の複合体を結合させることで，抗体1分子あたりに結合する酵素の量が増し，高感度に検出できる（図4-28-1-C）．しかし，バックグラウンドが高くなりやすいという欠点もある．

④金コロイド法
　二次抗体に5～20nmφの金ナノ粒子（金コロイド）を結合させて，電子顕微鏡で検出する（図4-28-1-D）．つまり，免疫電顕に利用できる方法である．金粒子が結合すると着色するので，ウェスタンブロッティングや光学顕微鏡での免疫組織染色にも利用できる．その場合は，銀試薬を用いた増感法を組み合わせることが多い．

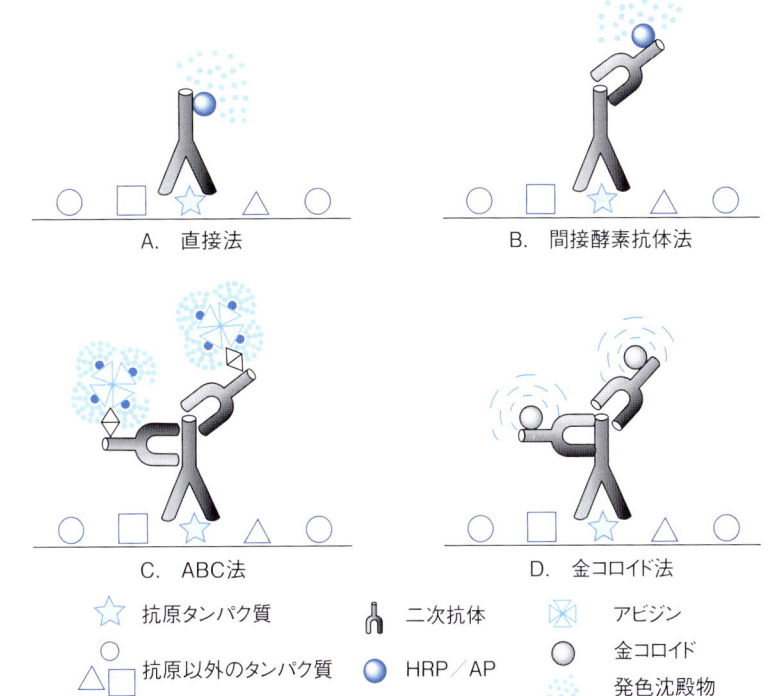

図4-28-1　抗体を用いた検出法のいろいろ

A. 直接法　　B. 間接酵素抗体法　　C. ABC法　　D. 金コロイド法

抗原タンパク質／抗原以外のタンパク質／一次抗体／二次抗体／HRP／AP／ビオチン／アビジン／金コロイド／発色沈殿物／銀試薬

㉙ アルカリフォスファターゼ活性の BCIP と NBT による検出

発色試薬：ニトロブルーテトラゾリウム（nitro blue tetrazorium chloride；NBT）
基質：Xリン酸（5-bromo-4-chloro-3-indolyl phosphate；BCIP）

　BCIPは，アルカリフォスファターゼ（alkaline phosphatase；AP）の触媒作用により脱リン酸化されると，アルカリ性溶液中では二量体の5,5'-dibromo-4,4'-dichloro-indigo whiteを形成する。その際に水素イオンを4個放出し，その水素イオンがNBTを還元することで，NBTホルマザン（NBT-formazan）を生成する（図4-29-1）。NBTホルマザンは水に対する溶解度が低く，青紫色の沈殿を生じる。

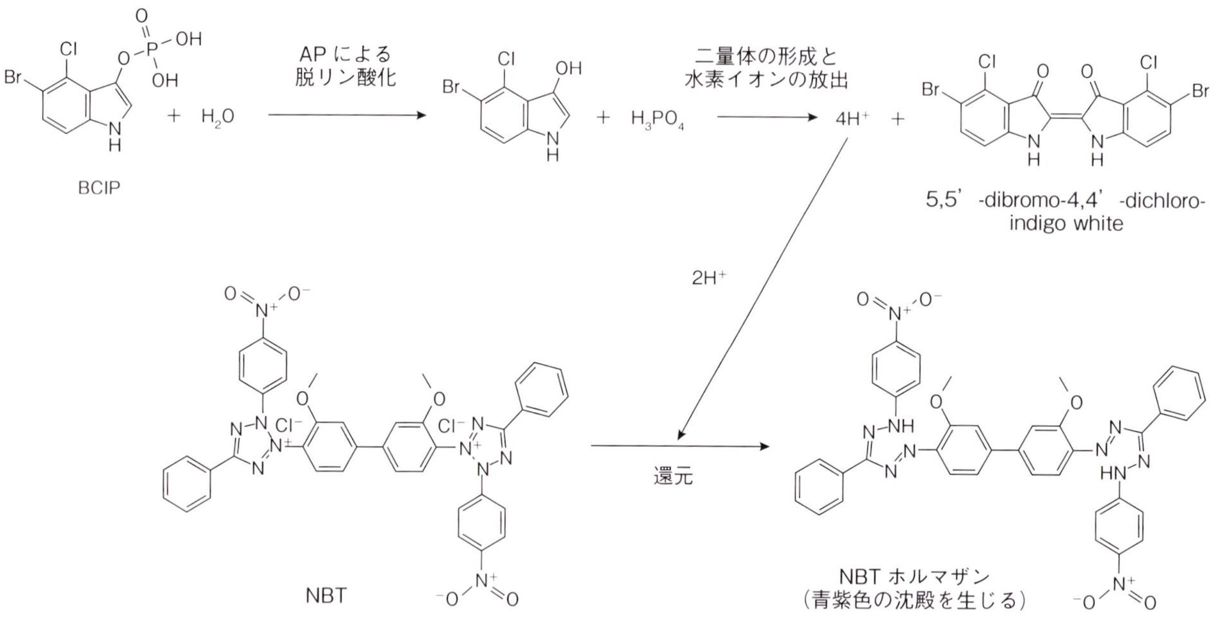

図4-29-1　アルカリフォスファターゼによる発色機序

㉚ ペルオキシダーゼ活性の DAB と H_2O_2 による検出

発色試薬：ジアミノベンジジン（diaminobenzidine；DAB）　　基質：H_2O_2

　HRP（horseradish peroxidase）は，過酸化物を利用して有機物を酸化する反応を触媒するペルオキシダーゼの一種で，西洋わさびから単離される。免疫染色では，H_2O_2によるDABの酸化反応の触媒として用いられる（図4-30-1）。生成した酸化型DABは水に対する溶解度が低く，茶色の沈殿を生じる。

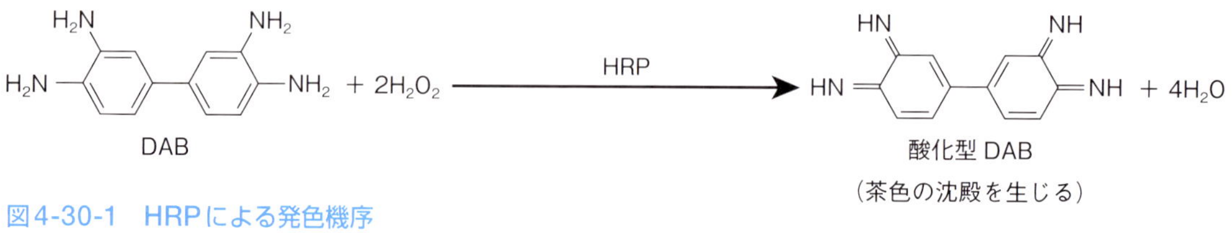

図4-30-1　HRPによる発色機序

31 PCRの基本原理

現代の遺伝子工学においては，DNAの増幅にはポリメラーゼ連鎖反応（polymerase chain reaction；PCR）法が用いられている。PCR法は，現在の遺伝子工学的手法の中で最も汎用されている手法の1つである。また，PCR法は親子鑑定や病原菌の判定，食品偽装の追跡など，医療や犯罪捜査にも大きな役割を果たしている。ここでは，PCR法の基本原理について解説する。

① PCR法の基本原理

PCRの原理は図4-31-1に示すように，増幅しようとする鋳型DNA，その両端の配列に相補的な1対のプライマーDNA（プライマー），および耐熱性DNAポリメラーゼを用いて，3段階からなるDNA合成反応を繰り返して行うことにある。

■ 第一段階

反応溶液の温度を上昇させ（通常94℃以上），1分間程度その温度を保つことにより，鋳型となるDNA二本鎖を熱変性させ（denaturation），一本鎖にする。高温により2本のDNA鎖をつなぐ塩基間の水素結合が断たれる。変性が起こる温度は，塩基対の種類（A・TかG・C）やG・Cペアの含量および長さ（塩基数）によって異なる。

■ 第二段階

プライマーを反応溶液中に過剰に加えた状態で温度を急速に下げる（通常55〜60℃程度）。すると，プライマーが鋳型DNA鎖の相補的な部位に結合し，二本鎖となる〔これをアニーリング（annealing）と言う。また，プライマーがアニーリングしてポリメラーゼ伸長反応の基質となることをプライミング（priming）と言う〕。化学量論比の違いから，ほとんどの鋳型DNAはプライマーが結合した形になる。

■ 第三段階

プライマーの鋳型DNAからの解離が起こらず，DNAポリメラーゼの活性に至適な温度域（通常72℃程度）まで再加熱する。この状態でDNA合成基質のデオキシヌクレオシド三リン酸とDNAポリメラーゼが作用すると，ポリメラーゼはプライマー部位からDNA相補鎖を合成していく〔DNA鎖の伸長反応（extension）〕。DNAポリメラーゼによる伸長反応にはプライマーが必要なため，プライマーが結合した部分のみを起点として伸長反応が起こる。ここまでが1つのサイクルで，再び高温にしてDNA変性から繰り返すことによって，長さの規定された特定のDNAが増幅される。

図4-31-1で示したように，最初の2サイクルでは長さが不定な部分二本鎖DNAが合成されるが，3サイクル目からはプライマー対に挟まれた部位の，長さの揃った二本鎖DNAが生成され，その数が急速に増えていく。1回の合成反応で生成したDNAは次の反応の鋳型になるため，その名称の通り連鎖反応的にDNAが合成され，DNAは指数関数的に増幅する。nサイクルの反応後には，生成物が鋳型のほぼ2^n倍になるため，20〜30サイクルの反応の後には莫大な数の二本鎖DNAが得られることになる。

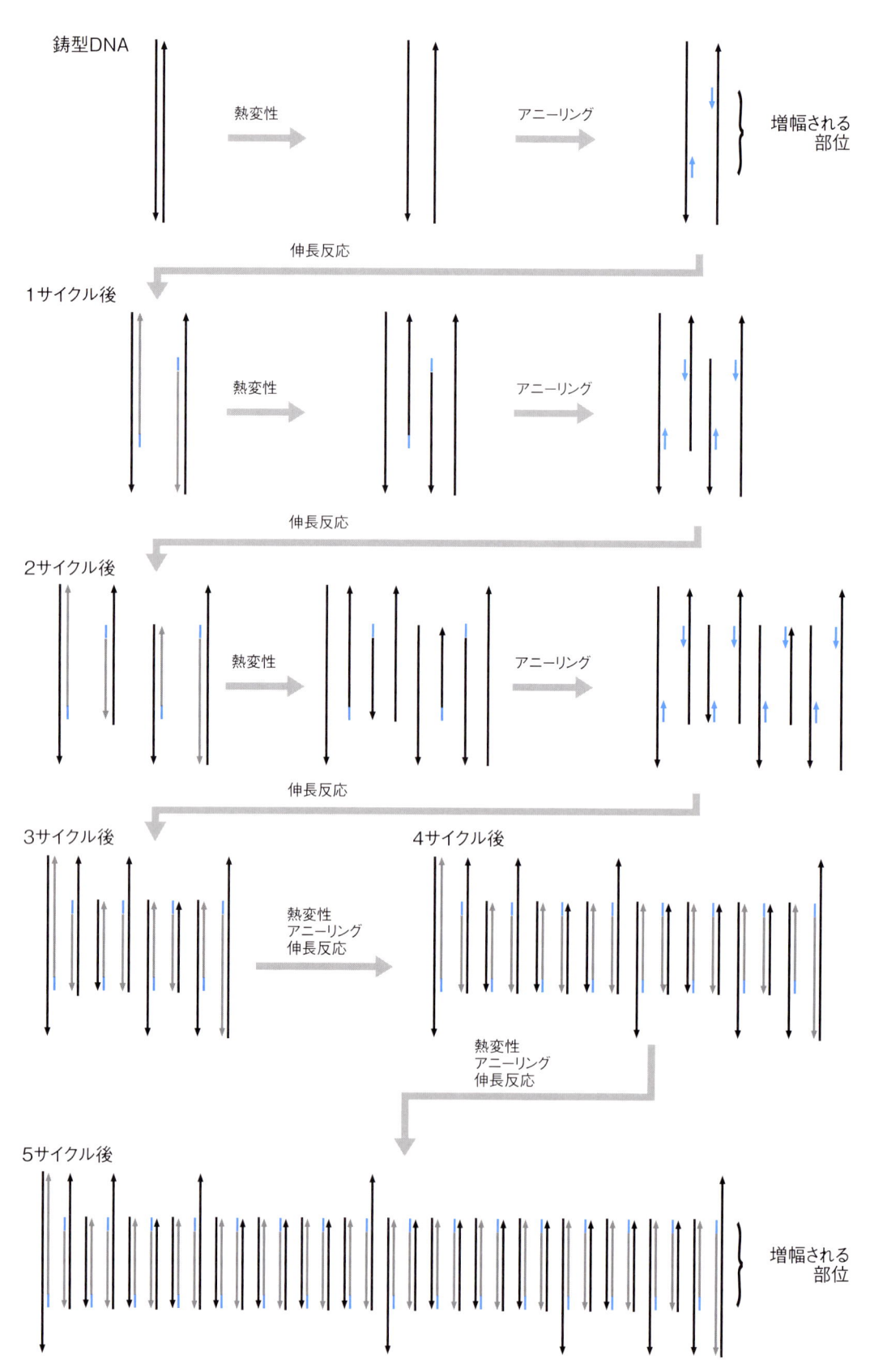

図4-31-1　PCRで得られる増幅産物

② いろいろなPCRプログラム

■ ホットスタートPCR

　PCRの最初のサイクルでは，熱変性まで常温から次第に温度が上がり，その間にはアニーリング温度，伸長反応温度を経てしまうことから，プライマーのミスアニーリングとそこからの増幅が起こる可能性が高い。そこで，酵素を化学的に修飾したり抗体に結合させたりしておき，95℃でそれらが外れることではじめて活性を持つような酵素を用いて行うPCRをホットスタートと呼ぶ。通常のプログラムの最初に，95℃，10〜15分のステップを入れておく。簡易的には，PCR装置が1サイクル目の熱変性温度に達したところで一旦ホールドし，そこでチューブを差し込み，その後再スタートさせるだけでもホットスタートの効果が得られる。

■ シャトルPCR

　two-step PCRとも呼ばれ，95℃と68℃程度の2ステップのプログラムとする。プライマーのT_m値が高いときに有効で，時間を短縮することができ，特異性が増すと言われている。

■ タッチダウンPCR

　最適のアニーリング温度よりも高いアニーリング温度からスタートし，サイクルを追うごとに次第にアニーリング温度を下げていくプログラム。増幅の特異性が増す。

32 プライマーの設計

PCRの成否を決める重要な要因の1つにプライマーの塩基配列がある．ここでは，プライマー設計上の注意点を述べる．

① プライマー設計上のポイント

プライマー設計上のポイントは次の通りである．
① 2つのプライマーのT_m値が同程度で，55〜60℃程度であること
② プライマーの3'末端同士が相補的でないこと
③ GC含有率があまり高くならないこと（50〜60%程度がよい）
④ プライマーの3'末端側にGCリッチな領域がないようにすること
⑤ プライマー自身が二本鎖やヘアピンなどの高次構造を形成しないこと
⑥ プライマーの3'末端領域に，増幅対象のDNA領域端の塩基配列と完全相補な配列が17塩基以上あること（17ヌクレオチドが完全に一致する配列は確率的に$4^{17} = 1.7 \times 10^{10}$となり，これはヒトゲノムの塩基数以上であるため，確率的にプライマーが結合する箇所は1か所と考えられる）

② プライマーのT_mとアニーリング温度

T_m（melting temperature）とは，二本鎖DNAの融解温度のことで，二本鎖DNAの全濃度のうち半分が一本鎖になるときの温度のことである．数式を使った詳細な解説はここでは省くが，プライマーが鋳型DNAに結合する反応は分子間反応系であるため，T_mはプライマーと鋳型DNAの濃度に依存する関数として表すことができる．従って，使用するプライマーの濃度によってT_mは変化するはずであり，また次第に鋳型DNAが増えていくPCRでは，T_mはサイクルが増すごとに高くなっていくはずである．つまり，厳密な取り扱いでは「プライマーのT_m」という1つの数値を表すことはできない．しかしながら，プライマーと鋳型DNAが形成する二本鎖のT_mが推定できれば，アニーリング温度の設定がしやすくなる．T_mは核酸のハイブリダイゼーションの強さを表す便利な指標であるため，厳密な定義とは離れて，よく使用されている．

鋳型DNAとプライマーが二本鎖を形成してプライミング反応が起こるためには，アニーリング温度を鋳型DNAとプライマーの二本鎖のT_mよりも低くする必要がある．しかし一方で，アニーリングの温度を下げすぎるとプライマーの非特異的なアニーリングが起こりやすくなり，目的とするDNAの増幅を非特異産物が阻害する．したがって，アニーリング温度は可能な限り高いことが望ましい．T_mの推定法は後述するが，通常PCRでは推定されるT_mをアニーリング温度として予備実験を行う．2つのプライマーのT_mが異なる場合は，低いほうに合わせてアニーリング温度を設定する．PCR産物が得られない場合はアニーリング温度を下げ，非特異産物が増える場合はアニーリング温度を上げる．しかし，アガロースゲル電気泳動で目的のサイズのバンドが検出されないからといって，むやみにアニーリング温度を下げるのは禁物である．通常のアガロースゲル電気泳動では見逃してしまうような低分子の非特異的産物が生成されていて本来の反応を邪魔していることもあるからである．このような場合には，温度を上げることによって正しいDNAの増幅が見られる場合もある．数度のアニーリング温度の違いがPCR産物に劇的な変化をもたらすこともあるので，アニーリング温度の設定は重要である．十分な予備実験による条件検討を心掛けてほしい．

③ 推定T_m値の求め方

DNA二本鎖のT_mの推定には微妙に異なる様々な式があるが，ここでは"Current Protocols in Molecular Biology"[5]に準拠した式を紹介する．

$$T_m (℃) = 81.5 + 16.6 \times \log_{10}[S] + 0.41 \times (\% \, GC) - (500/n) \quad \cdots\cdots 式1$$

[S]：塩のモル濃度（M）

　　　　　（% GC）：プライマーDNA中のGC含有率（%）
　　　　　n：プライマーDNAの鎖長（bp）

　PCR反応液の場合，塩濃度 [S] は次のルールに従って計算する。
①K$^+$イオンはそのまま加算する
②Trisイオンは0.67倍して加算する
③Mg^{2+}イオンは計算に入れない

　したがって，下の表に挙げた標準的なPCRバッファーの塩濃度は，

標準的なPCRバッファー組成（最終濃度）	
50mM	KCl
10mM	Tris-HCl（pH8.4〜9.0, 25℃）
1.5mM	MgCl$_2$
0.01%	ゼラチンまたはTriton X-100

$$[S] = 0.05 + 0.67 \times 0.01 = 0.0567 \text{（M）}$$

となる。この [S] 値を式1に代入すると以下の式2が得られる。用いるプライマーDNA（オリゴヌクレオチド）の鎖長およびGC含有率を式2に代入すると，推定T_m値を求めることができる。

$$T_m(℃) = 60.8 + 0.41 \times (\% \text{GC}) - (500/n) \quad \cdots\cdots\cdots 式2$$

この式2に基づいて計算した推定T_m値を表4-32-1にまとめた。

表4-32-1　式2で算出したオリゴヌクレオチドの推定T_m値

		GC含有率（%）											
		10	15	20	25	30	35	40	45	50	55	60	65	70
オリゴヌクレオチドの長さ（bp）	15	32	34	36	38	40	42	44	46	48	50	52	54	56
	16	34	36	38	40	42	44	46	48	50	52	54	56	58
	17	35	38	40	42	44	46	48	50	52	54	56	58	60
	18	37	39	41	43	45	47	49	51	54	56	58	60	62
	19	39	41	43	45	47	49	51	53	55	57	59	61	63
	20	40	42	44	46	48	50	52	54	56	58	60	62	65
	21	41	43	45	47	49	51	53	55	57	60	62	64	66
	22	42	44	46	48	50	52	54	57	59	61	63	65	67
	23	43	45	47	49	51	53	55	58	60	62	64	66	68
	24	44	46	48	50	52	54	56	58	60	63	65	67	69
	25	45	47	49	51	53	55	57	59	61	63	65	67	70
	26	46	48	50	52	54	56	58	60	62	64	66	68	70
	27	46	48	50	53	55	57	59	61	63	65	67	69	71
	28	47	49	51	53	55	57	59	61	63	66	68	70	72
	29	48	50	52	54	56	58	60	62	64	66	68	70	72
	30	48	50	52	54	56	58	61	63	65	67	69	71	73
	31	49	51	53	55	57	59	61	63	65	67	69	71	73
	32	49	51	53	55	57	60	62	64	66	68	70	72	74
	33	50	52	54	56	58	60	62	64	66	68	70	72	74
	34	50	52	54	56	58	60	63	65	67	69	71	73	75
	35	51	53	55	57	59	61	63	65	67	69	71	73	75

表中の青色で示した部分は，式4で得られた推定T_m値が式2で得られた値の±2℃以内のもの

第4部　実験原理および用語解説

また，最も簡便なT_mの推定法として，プライマーDNA中のGとCの総数に4を掛け，AとTの総数に2を掛けてその和から5を引いた値をT_mとする式3もある。

$$T_m(℃) = 4 \times (G + C) + 2 \times (A + T) - 5 \quad \cdots\cdots\cdots 式3$$

　しかし式3は，20塩基前後のオリゴヌクレオチドに対しては式2とほぼ同様の値を与えるが，30bp前後の比較的長いオリゴヌクレオチドの場合には，T_m推定値が高くなりすぎるという欠点がある。そこで，この欠点を改良したものが式4である。

$$T_m(℃) = 4 \times (G + C) + 2 \times (A + T) + 35 - 2n \quad \cdots\cdots\cdots 式4$$

　式4は，オリゴヌクレオチド鎖長が16〜35塩基でGC含有率が35%以上，T_mが70℃以下の場合に，式2との誤差がほぼ2℃以下の良い近似を与える。

　また，最近では塩基配列を打ち込むだけで推定T_m値を与えてくれるサービスが様々なウェブサイトで提供されているので，それらを用いることも有用である。ただし，一般的には異なるサイトで同じ数値が得られることは稀で，理論に詳しくなければどの数値を信用してよいか判断しづらい。理論的な最近接塩基対モデルをもとにした半経験式（Wetmur-Sninski式）を用いるWolframAlpha（http://www.wolframalpha.com/entities/calculators/oligonucleotide_melting_temperature/q9/rj/9m/）を手始めに，いくつかのサイトを利用して複数の推定値を得てから予備実験することをお薦めする。

33 SNP と PCR-RFLP

　染色体上に生じた突然変異が種の維持にあまり大きな影響を持たないときは，その変異が子孫に受け継がれることがある。染色体上の同一の場所に同一の変異を持つヒトが一定割合以上（通常は1％以上）の集団として存在するとき，「塩基配列（遺伝子）に型が存在する」あるいは「塩基配列（遺伝子）が多型である」と表現する。多型が特定の一塩基で見られる場合が一塩基多型（single nucleotide polymorphism；SNP）である。SNPはSNPsと複数形で一般名詞化し，「スニップス」と呼ばれることもある。

　RFLPとは，restriction fragment length polymorphism（制限酵素断片長多型）の略であり，制限酵素処理で生じたDNA断片の長さが異なるかどうかを指標にして，DNA配列が異なるかどうか，つまり遺伝子多型を調べる手法である。遺伝子変異が制限酵素の認識配列（制限酵素サイト）に存在する場合は，変異の有無により酵素での切断の有無が決定する。このことを利用し，酵素処理後のDNA鎖長をゲル電気泳動で解析することで，制限酵素サイトにおける遺伝子変異の有無を明らかにすることができる（図4-33-1）。

　PCR-RFLPは，制限酵素サイトを挟み込む形で設計したプライマーを用い，PCRで増幅したDNA断片をRFLP解析する手法である。迅速かつ簡便なSNP解析が可能であるが，当然ながら変異によって制限酵素サイトが生じる，あるいは消失する場合にのみ適用でき，どのようなSNPも検出可能であるという訳ではない。

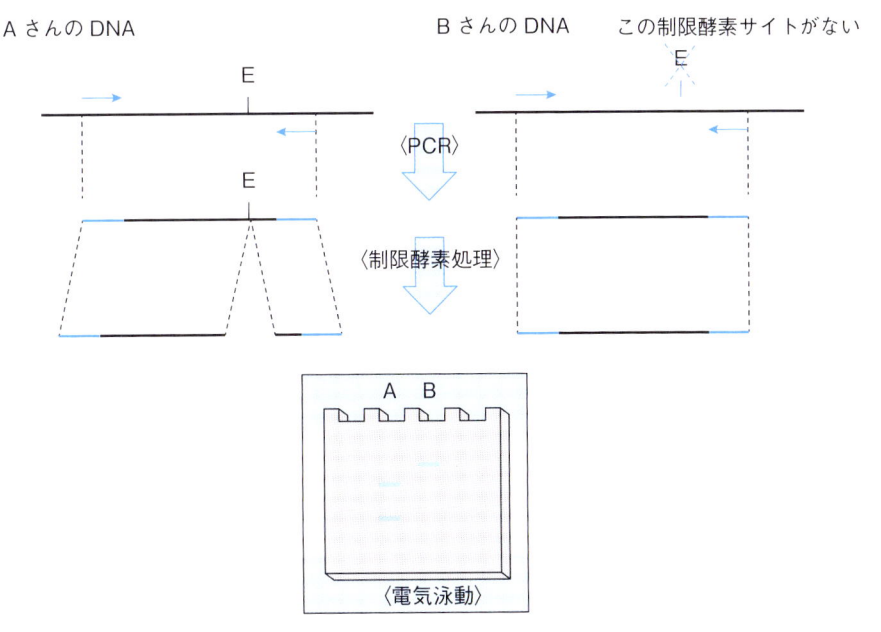

図4-33-1　PCR-RFLPの概要
制限酵素サイト（図中のE）を含むDNA断片（AさんのDNA）をPCRで増幅し，制限酵素で処理すると，増幅産物は切断されて2つの断片に別れる。一方，変異によってEの制限酵素サイトが消失しているBさんのDNA断片は，同じ制限酵素で処理しても切断されない。このため，両者を電気泳動すると，AさんのDNAでは2つのバンドが検出されるが，BさんのDNAでは1つのバンドしか検出されない。

実験の基本と原理

第5部　教材・実験例紹介

　筆者らの所属する甲南大学フロンティアサイエンス学部では，これまで様々な機会に高大連携実験を積極的に行ってきた。その教材開発のノウハウは，大学の学部教育でも大いに活用されると同時に，高校教員研修やサイエンスリーダーズキャンプ（理数教育の中核的な役割を担う教員養成を目的とした独立行政法人科学技術振興機構によるプログラム）などにも還元されてきた。教員の方むけになるが，ここでは，本書に関連するいくつかの実習教材の実例を紹介する。学生実習を企画される際のヒントにしていただいたり，これらを取り入れた新たな教材開発がさらに進められることを期待している。

❶ ニワトリレバーからのDNA抽出とエタノール沈殿

【概要および目的】
　ニワトリのレバーからDNAを抽出し，塩析によりフワフワとした糸状のDNAを実感する。抽出に関わる操作を通して，界面活性剤の役割，食塩の役割，タンパク質の変性，アルコール沈殿などについても理解する。

【実験の概要】
　DNA抽出バッファー中でレバーをミキサーで破砕し，2M程度の濃い食塩水の中で加熱することでタンパク質を変性させ，DNA粗抽出溶液を作る。そこにアルコールを加えてDNAを析出させる。

【準備】
・DNA抽出バッファー［150mM NaCl，10mM Tris-HCl（pH＝8.0），10mM EDTA，0.1% SDS（w/v）］
・20%食塩水（w/v）
・99.5%エタノール（v/v）

【操作】
① 凍らせたニワトリのレバー20g，抽出バッファー150mLをミキサーに入れ，ドロドロになるまで粉砕する。

② レバーの粉砕液10mLを50mLのチューブに移す。

③ 20%食塩水5mLを加えてゆっくりとかき混ぜ，粉砕液の粘性が高くなるのを確認する。
　＊この粘性は，可溶化したDNAが長い糸状の分子であることに起因する。

④ 100℃で3〜5分間湯煎する。レバーの色が赤色から白色になってくるのを確認する。
　＊液全体が白色になり，モロモロになるまで湯煎する。この高温状態で，水に溶けているタンパク質は固まり（変性），水に溶けなくなる。

⑤ チューブを取り出し氷水で冷やす。
　＊チューブを取り出す際には軍手で持ち，火傷をしないように注意を払う。

⑥ 新しいチューブの口の上にキムワイプを1枚広げ、キムワイプの中央部分を少しチューブの口に押し込んでくぼみを作る。このくぼみに⑤で冷やした液を入れ、ろ過する。自然落下ではなかなか液が落ちてこないので、キムワイプを茶巾絞りの要領でゆっくりと優しく絞る。

＊この操作によって、変性して固まったタンパク質などを取り除く。もし、キムワイプが破れてタンパク質が混入した場合には、ろ液をもう一度同様にろ過する。

⑦ ろ液が入っているチューブ内に、よく冷やしたエタノールを20mL程度静かに注ぎ入れ、しばらく放置する。

⑧ 上部にあるエタノールの層と下部のDNA粗抽出液の層との界面に、白色のフワフワとしたものが現れてくる。これがDNAである。

＊チューブの下に黒いものを敷くと、DNAがわかりやすい。

【観察】

最後のステップで得られるDNA沈殿はもちろん、途中で粉砕液の粘性が高くなる様子などもよく観察し、それぞれDNAがどこでどのような状態になっているかを理解する。

【結果】

白い糸状のものが絡み合って綿のようになった沈殿として、DNAが析出する。

【考察】

■ 界面活性剤

界面活性剤には脂質を溶かす性質がある。本実験のDNA抽出バッファーに含まれるSDSも界面活性剤であり、リン脂質を主成分とする細胞膜や核膜を壊してDNAを抽出しやすくする。界面活性剤は台所洗剤にも含まれており、SDSの代用にできる。

■ 食塩水

核（染色体）の中で、DNAはヒストンというタンパク質と結合している。高塩濃度の液中では、DNAはヒストンとの結合力が弱まり、ヒストンと分離する。DNAは全体として負の電荷を持つため、DNA分子間にはマイナス同士の反発力が働いている。食塩水を加えると、プラスのナトリウムイオンの働きにより、DNA分子間の反発力が減少し、分子同士が近づきやすくなる。なお、使用する食塩水の濃度は2M程度である。DNAはこの濃度の食塩水にはよく溶けるが、もう1つの核酸であるRNA（リボ核酸）はあまり溶けない。

■ エタノール

高塩濃度のもとでは、DNAは低温のエタノールにはほとんど溶けない。この性質を利用してDNAを沈殿させる方法を、エタノール沈殿（エタ沈）と言う（第4部-⑪参照）。

❷ 口腔粘膜細胞からの個人DNAの抽出とエタノール沈殿

【概要および目的】

ニワトリのレバーからと同様に、自分の細胞からもDNAが抽出できることを実感する。

【実験の概要】

自分の口腔内から採取した細胞をDNA抽出バッファー中で破砕し、タンパク質の変性、DNAのエタノール沈殿を行う。

【準備】
- DNA抽出バッファー［150mM NaCl, 10mM Tris-HCl (pH = 8.0), 10mM EDTA, 0.1% SDS (w/v)］
- 3M 酢酸ナトリウム水溶液（塩として用いる）
- Proteinase K（最終濃度が100μg/mLとなるようにDNA抽出バッファーに加える）
- 99.5%エタノール（v/v）

【操作】
① ティースプーンで頬内側の細胞を4回程度に分けて掻き取る。

② 掻き取るたびに細胞を集めて，Proteinase K入り抽出バッファー200μLの入ったチューブに細胞を落とし込む。

③ チューブを振って，粘膜細胞を均一に分散させる。

④ 65℃で10分間温める。

⑤ チューブを取り出し，氷水で冷やす。
＊チューブを取り出す際には軍手で持ち，火傷をしないように注意を払う。

⑥ 3M 酢酸ナトリウム水溶液を30μL入れ，チューブを振って混ぜる。

⑦ よく冷やしたエタノール800μLを静かに注ぎ入れ，しばらく放置する。

⑧ よく観察しながら，ゆっくりチューブを傾けて混ぜると，上部のエタノール層と下部の抽出液の層との界面に，白色のフワフワとしたものが現れてくる。これがDNAである。

【観察】
　数gのニワトリレバーと比べて，取り出した口腔粘膜細胞が少量であることから，変性させてタンパク質を取り除くのではなく，Proteinase Kで分解する。DNAをほとんど失うことなく作業できるが，分解の不十分なものを取り除けていないことから，エタ沈に際してそれらの混入が避けられず，DNA独特の糸状の沈殿が観察しづらい。また，処理後の溶液の粘性もさほど高くないのでエタノールとの分層もつくりにくい。エタノールを入れる作業を慎重に行い，それをゆっくりゆすりながら，境界で沈殿が形成されてくるのを注意深く観察する。

【結果】
　DNA量がさほど多くないため，またタンパク質も完全には分解できずにある程度残っていることから，DNAの沈殿に綿のようなフワフワ感は少ない。

【考察】
　沈殿が本当にDNAであることを理解するために，DNA染色剤（Haematoxilinなど）で染色してもよい。比較的少量のDNAを失わないために，タンパク質を熱変性させて取り除くのではなく，Proteinase Kにより分解して塩析でも沈殿しないようにしている。なぜ，100℃ではなく65℃に加熱するのか？も理解する。

❸ 個人のミトコンドリア DNA の解析

【概要および目的】

　ミトコンドリアは細胞小器官の1つであり，独自のDNAを持っている。その遺伝子は母親からのみ受け継がれる母性遺伝であり，父親からは受け継がれない。また，1細胞あたり，核ゲノムは通常2コピーしかないのに対し，ミトコンドリアゲノムは数千コピー存在する。そのため，化石試料や犯罪捜査の証拠試料など，微量な生体残存物からでもDNAを抽出することが比較的容易であり，古代生物の遺伝子解析や個人識別にも利用されている。
　そのミトコンドリア遺伝子を標的配列としてPCR-RFLP（第4部-㉝）を行い，個人のハプロタイプの同定を試みる。

■ ミトコンドリアゲノムについて（図5-3-1）
・16,568bpの環状二本鎖DNA
・1細胞あたり数千コピー存在する（核は2コピー）
・37個の遺伝子（核ゲノムには約23,000）
　　呼吸鎖に関する遺伝子　　　13個
　　rRNA遺伝子　　　　　　　　2個
　　tRNA遺伝子　　　　　　　　22個
（ただし，核ゲノムにコードされたタンパク質がないと呼吸鎖として機能しない）
・ゲノム全体の95%が遺伝子として使われる
・遺伝暗号の使い方が核と異なる

【実験の概要】

　前項の実験の要領で，個人のゲノムDNAを口腔粘膜細胞から取り出し，ミトコンドリアゲノムの特定の部位を増幅できるプライマー対を用いてPCRを行う。その増幅産物（断片①，断片②）を制限酵素処理により切断し，生じるいくつかの断片の長さを電気泳動により解析してSNP（第4部-㉝参照）を検出する。

【PCRによる特定断片の増幅】

　使用する試薬とその量を次ページの表5-3-1に，プライマーの配列を表5-3-2にまとめる。試薬に余裕があれば，1本あたり20μLのスケール（表5-3-1の左列の数字）で行うとよい。試薬を節約するには1本あたり10μL（表5-3-1の右列の数字）のスケールで行うとよい。ただし，PCR溶液の全量が20μLでも10μLでも，2μLのDNA溶液を入れるようにしてある。これは，実験に慣れていない人の場合，1μLの計量に若干の不安があるためである。なお，本実験ではTaKaRa Ex Taqを用いた例を紹介する。

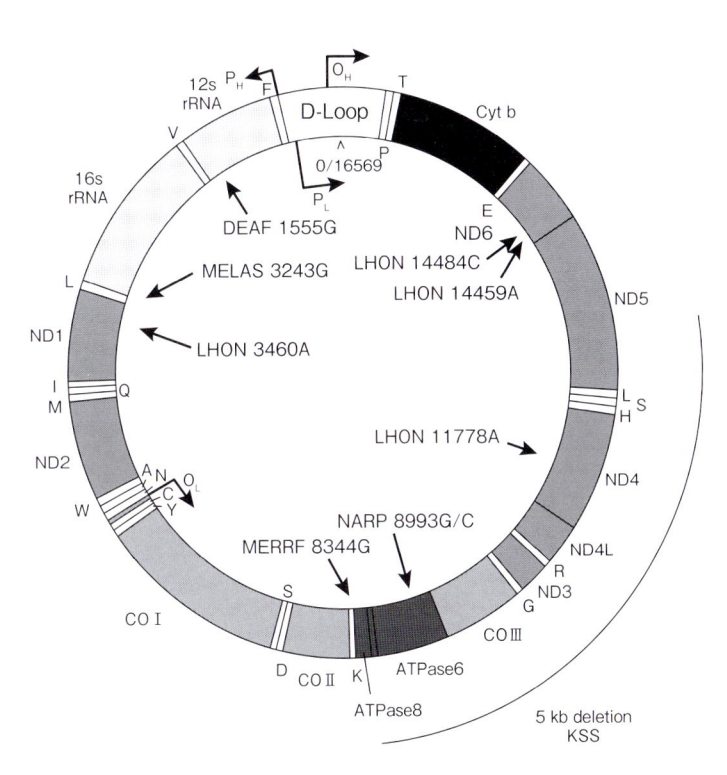

図5-3-1　ヒトミトコンドリアゲノム上の遺伝子の配置
外周にそれぞれの遺伝子の名前が記されている。内側に書かれた文字と数字は，ミトコンドリアゲノムの塩基置換の起こった塩基番号とその置換塩基を，それと関連深いと考えられているミトコンドリア病の名称の後に記している。D-Loopと記された部分は，ミトコンドリアゲノムの中で遺伝子のない領域であり，個人差が出やすい部分である。
(http://www.mitomap.org/pub/MITOMAP/MitomapFigures/mitomapgenome.pdfより改変。copyright 2002@Mitomap.org)

表5-3-1　PCRMasterMIX溶液とPCR溶液の組成

PCR MasterMix溶液の調製（1本あたり）
10×Ex Taq buffer	2.0 μL	1.0 μL
dNTP mix（2.5mM each）	1.6 μL	0.8 μL
TaKaRa Ex Taq	0.1 μL	0.05 μL
純水	12.3 μL	5.15 μL
Total	16.0 μL	7.0 μL

PCR溶液の調製（1本あたり）
PCR MasterMix	16.0 μL	7.0 μL
プライマー混合液（各5 μM）	2.0 μL	1.0 μL
Total	18.0 μL	8.0 μL

表5-3-2　使用するプライマー配列

プライマー：
Mit4407f	5'-ggtcagctaaataagctatcg-3'
Mit5562r	5'-aacttactgagggctttgaag-3'
Mit9440f	5'-ccttcgatacgggataatcc-3'
Mit10752r	5'-ggtttaggttatgtacgtagtc-3'

断片①用プライマー混合液：
（Mit4407f/Mit5562r：増幅産物の鎖長1,156bp）
断片②用プライマー混合液：
（Mit9440f/Mit10752r：増幅産物の鎖長1,313bp）

　表5-3-2の断片①および断片②用のプライマー混合液を入れた2本のPCR溶液のチューブそれぞれに，各自のDNA溶液を2.0 μLずつ入れ，表5-3-3のプログラムに従ってPCRを行う。

表5-3-3　PCRのプログラム（断片①，②共用）

ステップ	温度	時間	サイクル	反応
1	94℃	40秒	1	鋳型になるDNAの熱変性
2	94℃	30秒		増幅したDNAの熱変性（denature）
3	60℃	15秒	35	プライマーの結合（annealing）
4	72℃	30秒		ポリメラーゼによるDNA鎖の伸長（elongation）
5	15℃	9999秒	1	保存

ステップ1で機械が94℃に上昇したら"hold"し，そこにチューブを入れて反応を開始する（ホットスタート）。ステップ2～4を35サイクル繰り返す。最後は，15℃で増幅産物を保存する。

【制限酵素処理】

断片①に対しては*Alu* Ⅰと*Nla* Ⅲ，断片②に対しては*Alu* Ⅰと*Hin*f Ⅰによる制限酵素処理を行う。
反応液の組成は以下の通り。

10×制限酵素バッファー	1.0 μL
純水	7.5 μL
制限酵素	0.5 μL
PCR反応液	1.0 μL
Total	10.0 μL

制限酵素は，今回以下の3種を使う。制限酵素バッファーは，メーカーごとに制限酵素に添付されているものを使用する。

制限酵素：
　Alu Ⅰ（TaKaRa；L-Buffer）
　*Hin*f Ⅰ（TaKaRa；H-Buffer）
　Nla Ⅲ（Fermentas FastDigest；FastDigest-Buffer）

37℃で15分，制限酵素処理を行う。時間が許せば，30～60分程度処理を行う（Fermentas FastDigestであれば15分の処理でよいが，制限酵素の種類やサンプルの条件によっては，より長時間の処理が必要になる）。

【反応】
制限酵素処理の終わった反応液を，2％アガロースゲル電気泳動により分離する。

【観察】
GelStar（第4部-⑮参照）をTBEで1/10,000希釈した染色液を用い，15分ほど染色し，泳動パターンを撮影する。

【結果】

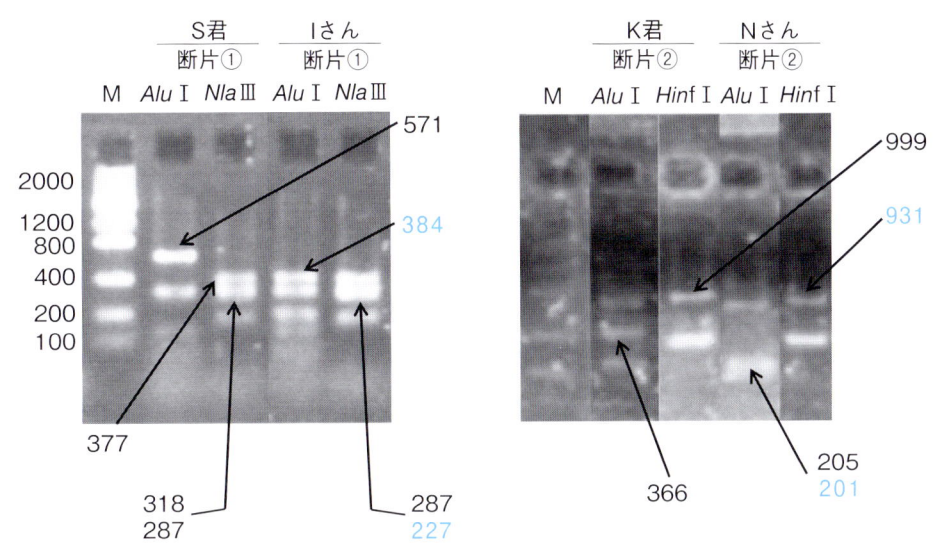

図5-3-2　結果の一例
左は断片①の例。右は断片②の例。どちらもハプログループに特徴的な断片の長さを示してある。
M：マーカー。青数字：多型を示すバンドのうち，切断されたバンド。黒数字：多型を示すバンドのうち，切断されなかったバンドおよび近接するバンド。

【結果の解析】

表5-3-4　この実験で検出するSNP

処理	PCR	制限酵素	検出するSNP	断片長	HaploG
1	断片①	AluⅠ	5178−c→a	571（384＋187），221，117，84，54，48，46	D
2	断片①	NlaⅢ	4958＋a→g	377，318（227＋91），287，173	M7a
3	断片②	AluⅠ	10397−a→g	588，366（201＋165），205，153	D5
			10398−g→a		N（A, B, F）
			10400＋c→t		D, M（C, G）
4	断片②	HinfⅠ	9824＋t→c	999（931＋68），313	D4b2

「検出するSNP」の欄は，その多型の存在する配列上の位置，その多型により制限酵素の切断が行われる場合は（＋），切断が行われない場合は（−），多型の塩基置換を順に示している。「断片長」の欄は，多型の箇所の切断が行われない場合に生じるDNA断片のそれぞれの長さを示し，（　）内に切断が行われた場合に直前の長さの断片が切断されて生じる2つの断片の長さを示している。「HaploG」の欄は，その多型が存在した際に分類されるハプログループ名を示している。

　図5-3-2の結果を表5-3-4に当てはめると，断片①の解析において，S君はAluⅠの571bp断片の切断が起こっていないことからDハプログループに属し，IさんはAluⅠによる571bp断片の切断が起こり，384bp断片が確認されることから，Dハプログループではないことがわかる。NlaⅢでの切断では，S君は318bp断片（電気泳動の分離が不十分で318bp

と287bpが重なっている）の切断が起こっておらず，M7aハプログループには属さないことがわかり，Iさんは227bp断片（電気泳動の分離が不十分で287bpと227bpが重なっている）が確認され，その切断が起こっていることから，M7aハプログループであるとわかる。

　断片②の解析において，K君はAluⅠの366bp断片の切断が起こっておらずD5あるいはNハプログループに属し，NさんはAluⅠによる366bp断片の切断が起こり，201bp断片が確認されることから，DあるいはMハプログループに属することがわかる。HinfⅠでの切断では，K君は999bp断片の切断が起こっておらず，D4b2ハプログループには属さないことがわかり，Nさんは931bp断片（移動度の差がわかりにくいが，下の313bpのバンドとの間隔が狭い）が確認され，その切断が起こっていることから，D4b2ハプログループであることがわかる。

　田中ら[1]が示すように，Dハプログループは，中央アジアおよび日本の本州を含む東アジアの集団で最も多いハプログループであり，M7aハプログループは，琉球で最も多いハプログループである。そこで彼らは，Dハプログループを「弥生人系統」，M7aハプログループを「南方系縄文人系統」などとも称しており，そういった各ハプログループの地理的分布の特徴から個人の出自を考察することも可能である。また，同時に実験を行った集団（高校のクラスなど）の中での各ハプログループの出現頻度を，一般的な日本人集団での出現頻度と比べることも可能である。いくつかのハプログループでは，長寿や特定の病気に罹患するリスクが高いなどの特徴が知られているものがある。

❹ 試験管内でのタンパク質合成

【概要および目的】

　GFPタンパク質をコードする遺伝子の転写・翻訳を大腸菌抽出液を用いて試験管内で行い，試験管を緑色に光らせる。その際，ベースとなる大腸菌抽出液に核酸分解酵素やタンパク質分解酵素などを加えた場合の結果を比較し，転写・翻訳の過程にどのような分子が関わっているかを，生徒自ら実験を組み立てて明らかにする。

【実験の概要】

　各社から大腸菌抽出液を用いた無細胞タンパク質合成システムが販売されているが，ここでは例としてPromoega社の"E. coli S30 Extract System for Circular DNA ; cat#L1020"を用いた例を紹介する。以下に組成を示す基本反応液に，生徒自らの実験デザインに従って，転写・翻訳に必要な分子を調べるためのDNaseⅠなどの各種酵素を混合し，37℃で反応を進める。

※本実験で用いる無細胞タンパク質合成システムの詳細はPromega社"Technical Manual　S30 T7 High-Yield Protein Expression System"（http://www.promega.com/~/media/Files/Resources/Protocols/Technical%20Manuals/0/S30%20T7%20High%20Yield%20Protein%20Expression%20System%20Protocol.pdf）を参照されたい。

【基本反応液】

・大腸菌抽出液（以下を，あらかじめ混合した溶液）	21.0 μL
[T7 S30 Extract (Promega)　　　　　　　　　　　9 0 μL]	
[S30 Premix Without Amino Acid (Promega)　　12.0 μL]	
・Amino Acid Complete Mix（以下を，あらかじめ混合した溶液）	3.0 μL
[Amino Acid Mixture Minus Cysteine (Promega)　1.5 μL]	
[Amino Acid Mixture Minus Leucine (Promega)　1.5 μL]	
・Plasmid DNA pCR2.1 / T7-GFP (Invitrogen) 0.5 μg/μL	2.0 μL
・Nuclease-Free Water	4.0 μL
Total	30.0 μL

【検討する項目】
- DNA分解酵素〔DNase I（final＞10μg/mL）〕を加えるとどうなるか？
- RNA分解酵素〔RNase A（final＞20μg/mL）〕を加えるとどうなるか？
- タンパク質分解酵素〔Proteinase K（final＞100μg/mL）〕を加えるとどうなるか？
- 鋳型となるDNA（Plasmid DNA）を加えないとどうなるか？
- アミノ酸（Amino Acid Complete Mix）を加えないとどうなるか？

表5-4-1　試薬混合用の表

試薬名	基本反応液	検討用反応液
大腸菌抽出液	21μL	21μL
Amino Acid Complete Mix	3μL	＊
Plasmid DNA	2μL	＊
DNase I（1mg/mL，1μL）	－	＊
RNase A（10mg/mL，1μL）	－	＊
Proteinase K（20mg/mL，1μL）	－	＊
Nuclease-Free Water	4μL	＊
Total	30μL	30μL

※検討用反応液の＊の欄は，上記の検討する項目に合わせて加える試薬を決め，液量の合計が9μLになるように調製する。

【反応】
- 上記の反応液を0.5mLマイクロチューブに入れて，タッピングで混ぜ，短時間遠心する。
- 37℃のヒートブロックに入れて，1時間反応させる。

【観察】
- チューブを青色光照射装置にかざして観察する。
- 蛍光の様子などを見て，再度37℃のヒートブロックに入れて，反応させる。

【結果】
- 基本反応液は，反応開始後何時間でどうなったか？
- その結果は，タンパク質合成が行われたことを示しているか？
- 検討用反応液は，反応開始後何時間でどうなったか？
- その結果から，タンパク質合成にどんな成分が大切だったことを示しているか？
- 大腸菌抽出液には，少なくともどんな成分が含まれていたことになるか？

【結果の解析】
- 生徒各自がデザインした検討用の反応液では，どれも蛍光が見られないことから，DNA，RNA，タンパク質，アミノ酸など，どれを除いてもタンパク質合成は起こらないことがわかる。
- 転写・翻訳には，多数の分子が関わる複雑な反応系が必要であることを理解する。
- 大腸菌抽出液内には，多数の分子が複雑な反応系を作り上げていることを実感する。

実験の基本と原理

第6部 箴言集

第6部では，筆者らが日ごろ実験・実習指導をする中で，これは心にとめておいたほうがよいと思う点を，箴言集としてまとめた。バイオ実験を行う際の心構えとして，参考にしていただければ幸いである。

・常ニ備ヘヨ

これは，甲南学園の創始者，平生釟三郎が，1938年の阪神大水害で被災した校舎や周辺地域の復旧作業に汗を流す生徒たちを見舞った際の訓辞で述べた言葉である。天災に対してだけではなく，実験中でも人生においても，様々な可能性を考慮して，それらに対応できるよう対策を施しておく必要がある。実習中は，先生がどんな質問をしても即座に答えられるように。実験中の事故に関しても常に意識すること。

・実験結果は常に正しい

実験結果は，行った操作に対して物理化学的法則に則って常に正しく得られている。

・実験結果に失敗はない

予想通りにならなかった場合は，予想を立てた考え方が間違っているか，考慮されている以外の要因が関与していたか，作業が不適切だったから。

・原状復帰

人生の中で，捜し物をしている時間が一番無駄！ 次の人が捜し物をしなくて済むよう，使い終わったらすぐに元に戻す。実験机，秤の周囲，試薬・器具棚なども整理整頓，掃除。

・液量を目視で見分けろ

1, 5, 10, 20, 100, 200 μL, 1, 1.5, 5, 10, 100, 500 mL などの液量を，大体でもいいので目視で見分けられれば，実験操作で間違った液量を入れるミスが防げる。このミスは，初心者が頻繁に犯すミスである。

・イメージトレーニング！

実験作業の細部を操作ごとに確認しながら実験を進める。実験器具やサンプルがあるつもりで，手だけ動かして，手早く実験操作全体の手順を追ってみる。サンプルや器具の適切な置き場所を確認することもできる。踊っているわけではないよ！

・解答は1つではない

適切な実験手順も，実験結果の考察も一通りではない。様々な可能性を考えられると，実験上のミスを事前に防ぐことができたり，より効果的な実験プランを立てることができるようになる。様々な可能性を追求しよう。100点の解答もあれば，120点，150点の解答もある。

・実験の手順に正解はない

例えば硫酸を水で薄める際，どのくらい爆発的な反応が起こるかを確かめるためには，硫酸に水を加えないとわからないし，安全な実験を行うという目的のためには水に硫酸を加えていくという作業でなければならない。特定の目的のために適切な方法があるだけ。

・刀は武士の魂，実験器具は研究者の魂

実験器具を大切に扱うこと。ハサミやピンセットの切れ味，実験装置や測定装置の性能や正確性はデータの信用性や再現性にも関わる。

・使ったものは，前よりきれいにして戻せ

器具などは経年劣化や必然的な傷などができる。実験器具はこのぐらいの気持ちでようやく性能を保って使える。実験台も常にきれいに保つように。

・ローテクを大切に

ハイテク機器が氾濫する今日，昔はなかなかできなかった実験が，キットを使って誰でも簡単に実現可能になった。しかし原理を知らなければ，何かトラブルがあったときに自分で解決できないし，ブラックボックスを通過して出てきた出力（結果や数値）が妥当であるかどうかを判断することもできない。本書においては，便利な装置や試薬を利用しつつも一昔前のやり方を含ませて，「なぜそのようなことができるのか」の理解を大切にしている。

ローテクを使いこなせる人はハイテクも使えるが，ハイテクしか使ったことがない人はつぶしが利かない。

・段取り上手が実験上手

バイオの分野では，1つの実験に時間がかかることが多い。無駄なく時間を使うためには，段取りよくいくつもの実験を同時並行で進行させることが重要である。実験が上手な人は，例外なく料理も上手である。

・記憶は薄れるが記録は薄れない

あらゆる情報を記録しておくクセをつけておくことをお薦めする。さらに，記憶に残っているうちにその記録をまとめるクセがあれば，一生役に立つことを保証する。

・聞き逃すな！　100％聞け

　近年，学生さんへの説明や指示を一度で済ますことが難しくなった。これは，今の学生さんが生まれたころには，ビデオが各家庭に普及していたことと無関係でないように思える。筆者らの世代では，翌日の友人との会話についていくため，特撮ヒーローものの番組を一言一句聞き逃すまいと集中して視聴していた。インターネットなどない時代に，後でイラストを描くことができるように悪役怪獣の姿形も必死で頭に残そうとしていた。ゆとり教育で，先生が同じことを何度も繰り返してくれるようになったことも一因かもしれない。しかし，時代や教育システムのせいにしても仕方がない。甲南大学の実習では，一度言ったことは質問があっても答えないようにしている。たったこれだけで，学生さんの情報収集能力は格段にアップする。

　失った情報を後で補完しようとするのは時間の無駄である。聞き逃しをしないというだけで，無駄な時間や労力を大幅に省くことができる。誰かが話しているときに隣の人と話をしているような，聞き逃しのクセがある人にデキる人はいない。

・気がつく・気が利く・体が動く

　これも聞き逃しと同根なのかもしれないが，目の前にあるものを見ていないと，無駄な時間を使うことになる。目を配り，気を配っていればやるべきことが自ずと理解できる。わかっていてもやらないのでは，気がついていないのと同じである。

・丁寧とゆっくりは違う

　丁寧に，と言うとゆっくりとやる人がいる。丁寧とゆっくりはまったく違う概念であることを理解しないと，実験を台無しにしてしまうことがある。コンピテントセルの調製はスピードが命なのだが，「丁寧に」という記述を見て30分で終わる作業を3時間も4時間もかけた学生さんがいた。結果は予想通り，大腸菌は死滅していて，まったく形質転換体が得られなかった。理想は「丁寧に素早く」である。

・当然混ぜる！　当然溶かす！

　実験書には頻繁に「……を加える」や「……を入れる」という表現が出てくるが，これらは当然，その後に混合することを含んだ指示である。実習でも人生でも，「当然」「当たり前」の内容は当然，実行する。「荷物見ててね」と頼まれたら，「見てたけど，誰かが持って行ったよ」は許されない。

文献

第3部

1) Robert NG et al: CRC Handbook of Chemistry and Physics Ver. 2012 (2012) Section 7, 23-25
2) Good NE et al: Biochemistry (1966) 5: 467-477

第4部

1) Birnboim HC, Doly J: Nucleic Acids Res (1979) 7: 1513-1523
2) Singer VL, et al: Mutat Res (1999) 439: 37-47
3) Zipper H, et al: Nucleic Acids Res (2004) 32(12): e103
4) Mandel M, Higa H: J Mol Biol (1970) 53: 159-162
5) Paul R, et al: Current Protocols in Molecular Biology (2001) UNIT 15.3

第5部

1) Tanaka M, et al: Genome Res (2004) 14: 1832-1850

INDEX [索引]

A

ABC 法 145
absorbance 105, 106
acetic acid (aq.) 67
acrylamide (aq.) 80
ADA 74
ADA バッファー 74
affinity chromatography 134
agalose gel electrophoresis 119
agarose gel electrophoresis buffer
.... 81
ammonium acetate (aq.) 67
ammonium sulfate (aq.) 92
antibiotics 98
AP（alkaline phosphatase）発色
バッファー 89
AP 発色液 91
APS（ammonium peroxodisulfate）
水溶液 81

B

BCIP（5-bromo-4-chloro-3-indolyl
phosphate）........................... 89, 146
BCIP ストック溶液 89
Bicine 77
Bicine バッファー 77
bioluminescence 135
Bis-Tris 74
Bis-Tris バッファー 74
BPB（bromophenol blue）...... 83, 84
BriJ 58 69
buffer for alkaline phosphatase reaction
.... 89
buffer for horseradish peroxidase
reaction 90

C

calcium chloride (aq.) 67
calibration curve 106
CAPS 77
CAPS バッファー 77
CBB 82
CBB 染色液 82
CBB 脱色液 82
cell lysis solution 92
CFU（colony forming unit）... 125, 126
chelate 132
CIA（chloroform isoamyl alcohol）... 93

competent cells 125
contamination 23

D

DAB（diaminobenzidine）...... 91, 146
density-gradient centrifugation 108
DEPC 水 93
DMF（N, N-dimethylformamide）... 90
DNA 染色液 83
DNA 染色剤 121
DNA 抽出 154, 155
DTT 95

E

EDTA（ethylenediaminetetraacetic
acid）............................. 68, 118, 132
EDTA 水溶液 68
electroporation 57, 125
en（ethylenediamine）................... 132
EtBr（ethidium bromide）............. 121

F

FTB（freeze-thaw buffer）............... 99

G

GelStar 83, 121
GFP（Green Fluorescent Protein）
.... 136, 160
Good バッファー 73

H

Henderson-Hasselbalch 式 104
HEPES 76
HEPES バッファー 76
His-tag 115, 134
HRP（horseradish peroxidase）... 146
HRP 発色液 91
HRP 発色バッファー 90
hydrochloric acid (aq.) 68
hydrogen peroxide solution 90

I

IgG 抗体 142
IMAC（immobilized metal ion
adsorption chromatography）... 134

imidazole (aq.) 94
IPTG（Isopropyl β-D-1-thiogalacto-
pyranoside）................................. 127
IPTG（Isopropyl β-D-1-thiogalacto-
pyranoside）水溶液 99
ISFET（ion sensitive field effect
transistor）電極 44

L

lac プロモーター 115, 127
lac リプレッサー 127
Lambert-Beer's law 105
LB 培地 24, 99, 100
loading buffer for gel electrophoresis /
normal conditions 83
luciferase 135

M

magnesium acetate (aq.) 68
magnesium chloride (aq.) 69
magnesium sulfate (aq.) 69
MCS（multiple cloning site）... 112, 114
MES 73
MES バッファー 73
MOPS 75
MOPS バッファー 75

N

NBT（nitro blue tetrazolium chloride）
.... 90, 146
NBT（nitro blue tetrazolium chloride）
ストック溶液 90
nonionic surfactants (aq.) 69
NP-40（Nonidet P-40）................... 69

O

O.D.（optical density）.......... 105, 106

P

PAGE（polyacrylamide gel electro-
phoresis）..................................... 138
PAGE 用泳動バッファー 85
pBR シリーズベクター 114
PBS（phosphate buffered saline）... 78
PBS-T（phosphate buffered saline with
Tween 20）.................................... 79
PC（polycarbonate）....................... 62

167

PCI (phenol chloroform isoamyl alcohol) ·············· 95
PCR (polymerase chain reaction) ·············· 147
PCR-RFLP ·············· 153
PCR 装置 ·············· 50
PE (polyethylene) ·············· 62
PET (polyethylene terephthalate) ··· 62
phenol / equilibrated ·············· 94
phosphate buffer ·············· 78
pH 試験紙 ·············· 47
pH メーター ·············· 44
PIPES ·············· 75
PIPES バッファー ·············· 75
polyacrylamide gel / 1 × TBE ······ 84
potassium acetate (aq.) ·············· 70
potassium chloride (aq.) ·············· 70
potassium hydroxide (aq.) ·············· 70
PP (polypropylene) ·············· 62
Proteinase K ·············· 156
PS (polystyrene) ·············· 62
pSC シリーズベクター ·············· 114
pUC シリーズベクター ·············· 114
PVC (polyvinyl chloride) ·············· 62
PVDF (polyvinylidene difluoride) メンブレン ·············· 141

R

RCF (relative centrifugal force) ··· 53
reaction buffer for alkaline phosphatase ·············· 91
reaction buffer for horse radish peroxidase ·············· 91
restriction enzyme ·············· 122
restriction enzyme buffer ········ 95, 96
RFLP (restriction fragment length polymorphism) ·············· 153
RNA ポリメラーゼ ·············· 128
RNA 用試薬 ·············· 12
rpm (revolutions per minute) ····· 53

S

SDS (sodium dodecyl sulfate) ·············· 71, 118, 139
SDS 水溶液 ·············· 71
SDS-PAGE ·············· 139
SDS-PAGE 用泳動バッファー ·········· 86
SDS サンプルバッファー ·············· 87
SDS ポリアクリルアミドゲル ········· 86
SNP (single nucleotide polymorphism) ·············· 153
SOB 培地 ·············· 100
SOC 培地 ·············· 100

sodium acetate (aq.) ·············· 71
sodium acetate buffer ·············· 79
sodium chloride (aq.) ·············· 71
sodium citrate buffer ·············· 79
sodium dodecyl sulfate (aq.) ·············· 71
sodium hydroxide (aq.) ·············· 72
SSCP (single strand conformational polymorphism analysis) ·············· 138
star 活性 ·············· 123
STE (sodium chloride-Tris-EDTA) ·············· 97
SYBR Gold ·············· 83, 121
SYBR Green ·············· 83, 121

T

TAE (Tris-Acetate-EDTA) ·············· 88
TBE (Tris-Borate-EDTA) ·············· 88
TEMED (N, N, N', N'-tetramethylethylenediamine) ·············· 84
TE (Tris-EDTA) ·············· 97
TEN (Tris-EDTA-NaCl) ·············· 97
T_m (melting temperature) ·············· 150
transfection ·············· 125
transfer buffer for western blotting ·············· 88
transformation ·············· 125
Tricine ·············· 76
Tricine バッファー ·············· 76
Tris 塩基 ·············· 80
Tris 塩酸バッファー ·············· 80
Tris 酢酸バッファー ·············· 80
Triton X-100 ·············· 69
trp プロモーター ·············· 127
Tween 20 ·············· 69, 70
Tween 80 ·············· 69, 70

W

western blotting ·············· 140

X

XC (xylene cyanol FF) ·············· 83, 84
X-gal (5-bromo-4-chloro-3-indole-β-D-galactoside) ·············· 101, 115
X-gal 溶液 ·············· 101
X-リン酸 ·············· 146

ア

アイスバケット（氷箱） ·············· 51
アガロース ·············· 81
アガロースゲル / 0.5 × TBE ········ 81
アガロースゲル電気泳動 ········· 119, 120
アガロースゲル電気泳動バッファー ··· 81
アクチベーター ·············· 128
アクリルアミド ·············· 80
アクリルアミド水溶液 ·············· 80
アクリル樹脂 ·············· 62
アニーリング温度 ·············· 150
アフィニティークロマトグラフィー ··· 134
アルカリフォスファターゼ活性 ······· 146
アルカリ溶解法：溶液 ········ 96, 97, 118
アルコール沈殿法 ·············· 116
安全キャビネット ·············· 59
安全ピペッター ·············· 34
安定度定数 ·············· 133
アンピシリン（Amp） ······ 98, 113, 115

イ

イオン応答電界効果トランジスタ（ISFET）電極 ·············· 44
イオン交換法 ·············· 66
イソプロピルアルコール沈殿（イソプロ沈） ·············· 116
一塩基多型（SNP） ·············· 153
遺伝子組換え生物 ·············· 28
遺伝子組換え体の処理 ·············· 28
遺伝子工学実験用試薬 ·············· 92
イミダゾール ·············· 94
イミダゾール水溶液 ·············· 94
インキュベーター ·············· 51
インジケーターテープ ·············· 18, 19

ウ

ウェスタンブロッティング ·············· 140
ウェスタンブロッティング用トランスファーバッファー ·············· 88
ウォーターバス ·············· 51

エ

エタノール（70%） ·············· 23, 93
エタノール沈殿（エタ沈） ·············· 116, 154, 155
エチレンジアミン ·············· 132
エチレンジアミン四酢酸 ·············· 132
エレクトロポレーション（エレポ） ·············· 57, 125
エレクトロポレーション装置 ·············· 57
塩化カリウム水溶液 ·············· 70

塩化カルシウム水溶液　67
塩化ナトリウム　117
塩化ナトリウム水溶液　71
塩化マグネシウム水溶液　69
塩化リチウム　117
塩酸水溶液　68
遠心機　53
遠心チューブ　31
遠心分離　55, 107
遠心力　107

オ
オートクレーブ（加圧高温滅菌）　19, 20
オートクレーブ滅菌用バッグ　19

カ
界面活性剤　155
過酸化水素水　90
ガスバーナー　22
活性炭吸着法　66
カナマイシン（Kan）　98, 115
ガラス器具の一般的な洗浄方法　14
ガラス電極　44
過硫酸アンモニウム　81
簡易無菌操作　23
寒剤　42, 51, 104
緩衝作用　104
緩衝能　72, 104
緩衝溶液（buffer）　72, 104
乾熱滅菌　18

キ
器具洗浄用洗剤　14
器具の滅菌方法　18
逆浸透（RO）法　66
キャップロック　31
吸光光度法　105
吸光度　105, 106
キレート　132
キレート効果　132
キレート配位子　132
金コロイド法　145

ク
クエン酸　79
クエン酸ナトリウムバッファー　79
グリシン　88
グリセロール　83, 84
クリーンベンチ　59
D-グルコース　96

クローニング　110
クロラムフェニコール（Cr）　98, 115
クロロホルム・イソアミルアルコール混合液　93

ケ
蛍光抗体法　145
蛍光タンパク質　136
形質転換　125
形質転換効率　126
計量皿　11
ゲル撮影装置　58
ゲルろ過　129
ゲルろ過用担体　130
限外ろ過法　67
検量線　106

コ
酵素抗体法　145
抗生物質　25, 98
口腔粘膜細胞　155, 157
固定化金属アフィニティークロマトグラフィー　134
コニカルチューブ　31
駒込ピペット　32
ゴミの分別　27
コロニー形成単位（CFU）　125
コンタミネーション（コンタミ）　23
コンピテントセル　110, 112, 125

サ
細胞溶解液　92
酢酸　67
酢酸アンモニウム　67, 117
酢酸アンモニウム水溶液　67
酢酸カリウム　70, 118
酢酸カリウム水溶液　70
酢酸水溶液　67
酢酸ナトリウム　71, 79, 117
酢酸ナトリウム水溶液　71
酢酸ナトリウムバッファー　79
酢酸マグネシウム　68
酢酸マグネシウム水溶液　68
産業廃棄物ゴミ（産廃ゴミ）　27

シ
ジアミノベンジジン　91, 146
実験ゴミ　27
質量濃度　102
試薬　8
　――の計量　10

　――の保存　12
　――のラベリング　13
試薬溶液の作り方　66
シャトルPCR　149
臭化エチジウム　121
重量モル濃度　102
重力加速度（g）　53
純水　67
蒸留法　66
食塩水　155
濁度計　48

ス
水酸化カリウム水溶液　70
水酸化ナトリウム　118
水酸化ナトリウム水溶液　72
スクロース　87
ストックソリューション　13, 66
　――の濃度表示　103
ストレプトマイシン（Str）　98

セ
制限酵素　122, 158
制限酵素断片長多型（RFLP）　153
制限酵素バッファー　95, 96, 123
生物発光　135

ソ
ソニケーター　42

タ
大腸菌（Escherichia coli, E. coli）　109
　――の遺伝子型　111
　――の株と歴史　110
　――の増殖　109
　――の発現誘導メカニズム　127
大腸菌実験用試薬　98
卓上遠心機　55
タッチダウンPCR　149
ダルトン（Da）　103
タンパク質合成　160

チ
チップ　36
　――の装着　38
　――の取り外し　39
チューブミキサー　56
超音波破砕装置　42
超純水　67
沈降速度法　108

テ

- デオキシコール酸ナトリウム ………… 92
- テトラサイクリン（Tet）………… 98, 115
- 手袋 ………………………………… 8, 9
- テフロン樹脂 …………………………… 62
- 電気泳動用試薬 ………………………… 80
- 電気穿孔装置 …………………………… 57
- 電気穿孔法 ………………………… 57, 125
- 電子天秤 ………………………………… 10

ト

- 等密度遠心法 ………………………… 108
- 突沸 ……………………………………… 20
- とも洗い ………………………………… 17
- ドラフトチャンバー …………………… 59

ナ

- ナイロンメンブレン ………………… 141
- ナノドロップ …………………………… 48

ニ

- ニップル ………………………………… 32
- ニトロセルロースメンブレン ……… 141
- 尿素 ……………………………………… 85

ノ

- 濃度 …………………………………… 102
- ノモグラフ ………………………… 53, 54

ハ

- パーセント（%）…………………… 102
- ハイフィデリティー（HF）制限酵素
  ………………………………………… 124
- 白衣 ……………………………………… 8
- バクテリオファージ ………………… 128
- パスツールピペット …………………… 32
- 白金耳 …………………………………… 26

ヒ

- 非イオン性界面活性剤水溶液 ………… 69
- ヒートブロック ………………………… 51
- 8-ヒドロキシキノリン ………………… 94
- ピペッティング ………………………… 33
- ピペットの洗浄方法 …………………… 15

フ

- フェノール ……………………………… 94
- フェノール・クロロホルム・イソアミルアルコール混合液 ……………………… 95
- プライマー設計 ……………………… 150
- プラスチック …………………………… 62
  - ——の物理的特性 …………………… 62
  - ——の薬剤耐性 ……………………… 63
- プラスミド …………………………… 112
  - ——の歴史 ………………………… 114
- プラスミドDNA ……………… 120, 125
- プラスミドマップ …………………… 112
- プレートリーダー ……………………… 49
- プロモーター ………………………… 112
- 分光光度計 ……………………………… 48
- 分子排斥クロマトグラフィー ……… 129

ヘ

- 平衡化中性フェノール ………………… 94

ホ

- ホウ酸 …………………………………… 88
- 保護メガネ ……………………………… 8
- ホットスタートPCR ………………… 149
- ポリアクリルアミドゲル ……… 84, 138
- ポリアクリルアミドゲル電気泳動 … 138
- ポリエチレン …………………………… 62
- ポリエチレングリコール（PEG）沈殿
  ………………………………………… 116
- ポリエチレンテレフタレート ………… 62
- ポリ塩化ビニル ………………………… 62
- ポリカーボネート ……………………… 62
- ポリスチレン …………………………… 62
- ポリプロピレン ………………………… 62
- ボルテックスミキサー ………………… 56
- ホルムアミド …………………………… 84

マ

- マイクロチューブ ……………………… 30
- マイクロピペッター …………………… 36
  - ——のキャリブレーション ………… 41
  - ——の持ち方 ………………………… 38
- マグネティックスターラー …………… 43
- マルチウェルプレート ………………… 49

ミ

- 密度勾配遠心分離法 ………………… 108
- ミトコンドリアDNA ………………… 157

メ

- メスピペット …………………………… 34
- メタノール ……………………………… 82
- メチル化 ……………………………… 124
- N,N'-メチレンビスアクリルアミド（Bis）
  ………………………………………… 80
- 滅菌水 …………………………………… 67
- メディウムビン ………………………… 19
- 2-メルカプトエタノール ……………… 87
- 免疫染色 ……………………………… 145
- メンブレン …………………………… 140

モ

- モル（mole, mol）………………… 102
- モル濃度 ……………………………… 102

ヤ

- 薬剤耐性遺伝子 ……………………… 115
- 薬さじ …………………………………… 11
- 薬包紙 …………………………………… 11

ラ

- ランベルト-ベールの法則 …………… 105

リ

- 硫酸アンモニウム水溶液 ……………… 92
- 硫酸マグネシウム ……………………… 69
- 硫酸マグネシウム水溶液 ……………… 69
- リン酸水素二ナトリウム ……………… 78
- リン酸二水素ナトリウム ……………… 78
- リン酸バッファー ……………………… 78

ル

- ルシフェラーゼ ………………… 115, 135

レ

- 冷蔵保存 ………………………………… 12
- 冷凍保存 ………………………………… 12
- レプリコン ………………………… 112, 114

ロ

- ローター ………………………………… 53
  - ——内のバランス …………………… 54
- ローディングバッファー ……………… 83
- ローテーター …………………………… 42

著者略歴

西方敬人（にしかた たかひと）

- 甲南大学フロンティアサイエンス学部生命化学科
- nisikata@konan-u.ac.jp

1984 年 京都大学理学部卒業
1989 年 京都大学大学院理学研究科修了，理学博士
1991 年 甲南大学理学部生物学科講師
1999 年 甲南大学理学部生物学科助教授
2006 年 甲南大学理工学部生物学科教授
2009 年より現所属，教授

「発生学は生物学のすべてを包含する」と豪語し，ホヤと培養細胞を材料に，二足のわらじで楽しく研究させていただいている。

川上純司（かわかみ じゅんじ）

- 甲南大学フロンティアサイエンス学部生命化学科
- kawakami@konan-u.ac.jp

1989 年 大阪大学薬学部卒業
1991 年 大阪大学大学院薬学研究科博士前期課程修了，薬学修士
1994 年 北海道大学大学院薬学研究科博士後期課程修了，博士（薬学）
1994 年 住友化学工業株式会社生命工学研究所研究員
1996 年 甲南大学理学部化学科講師
2001 年 米国イェール大学客員研究員
2005 年 甲南大学理工学部機能分子化学科助教授
2009 年より現所属，教授

薬学を相互作用の科学と位置づけ，広く生体高分子が関与する相互作用を物理化学的に解析している。

藤井敏司（ふじい さとし）

- 甲南大学フロンティアサイエンス学部生命化学科
- satoshif@konan-u.ac.jp

1988 年 京都大学理学部卒業
1993 年 京都大学大学院理学研究科博士後期課程修了，博士（理学）
1993 年 （財）山形県テクノポリス財団生物ラジカル研究所研究員
2000 年 甲南大学理学部応用化学科講師
2005 年 米国スタンフォード大学客員研究員
2007 年 甲南大学理工学部機能分子化学科准教授
2009 年 甲南大学フロンティアサイエンス学部准教授
2010 年より現所属，教授

生体内の遷移金属イオンの働きに魅せられ，その能力を活用した新機能分子を構築し，それらの医療応用を目指して奮闘中。

長濱宏治（ながはま こうじ）

- 甲南大学フロンティアサイエンス学部生命化学科
- nagahama@konan-u.ac.jp

2000 年 金沢大学工学部卒業
2000 年 小野薬品工業株式会社
2008 年 関西大学大学院工学研究科修了，博士（工学）
2008 年 南デンマーク大学核酸センター博士研究員
2009 年より現所属，講師

高分子化学の手法を駆使し，未来の医療を切り拓く新素材・技術の開発に取り組んでいる。

細胞工学別冊
ゼロからはじめるバイオ実験マスターコース
①実験の基本と原理

2012年10月 1 日　第1版第1刷発行
2022年 1 月14日　第1版第3刷発行

著　者　　西方敬人　川上純司　藤井敏司　長濱宏治
　　　　　（にしかたたかひと）（かわかみじゅんじ）（ふじいさとし）（ながはまこうじ）

発行人　　小袋朋子
編集人　　小林香織
発行所　　株式会社 学研メディカル秀潤社
　　　　　〒141-8414 東京都品川区西五反田2-11-8
発売元　　株式会社 学研プラス
　　　　　〒141-8415 東京都品川区西五反田2-11-8
印　刷　　株式会社 広済堂ネクスト
製　本　　株式会社 難波製本

この本に関する各種お問い合わせ
【電話の場合】●編集内容については Tel. 03-6431-1211（編集部）
　　　　　　　●在庫については Tel 03-6431-1234（営業部）
　　　　　　　●不良品（落丁，乱丁）については Tel 0570-000577
　　　　　　　学研業務センター
　　　　　　　〒354-0045 埼玉県入間郡三芳町上富279-1
　　　　　　　●上記以外のお問い合わせは 学研グループ総合案内 0570-056-710（ナビダイヤル）
【文書の場合】〒141-8418　東京都品川区西五反田2-11-8
　　　　　　　学研お客様センター『ゼロからはじめるバイオ実験マスターコース①実験の基本と原理』係

©T. Nishikata, J. Kawakami, S. Fujii, K. Nagahama 2012 Printed in Japan.
●ショメイ：ゼロカラハジメルバイオジッケンマスターコース①ジッケンノキホントゲンリ

本書の無断転載，複製，頒布，公衆送信，翻訳，翻案等を禁じます．
本書に掲載する著作物の複製権・翻訳権・上映権・譲渡権・公衆送信権（送信可能化権を含む）は株式会社 学研メディカル秀潤社が管理します．
本書を代行業者等の第三者に依頼してスキャンやデジタル化することは，たとえ個人や家庭内の利用であっても，著作権法上，認められておりません．

学研メディカル秀潤社の書籍・雑誌についての新刊情報・詳細情報は，下記をご覧ください．
　　https://gakken-mesh.jp/

[JCOPY]〈出版者著作権管理機構委託出版物〉
本書の無断複写は著作権法上での例外を除き禁じられています．複写される場合は，そのつど事前に，出版者著作権管理機構（電話 03-5244-5088，FAX 03-5244-5089，e-mail :info@jcopy.or.jp）の許諾を得てください．

表紙・本文デザイン　　花本浩一
本文デザイン　　　　　アヴァンデザイン研究所
イラスト作成　　　　　赤坂青美，小佐野 咲，有限会社 ブルーインク
編集協力　　　　　　　栗岡百合子，池内美佳子，三原聡子

本書に記載されている内容は，出版時の最新情報に基づくとともに，臨床例をもとに正確かつ普遍化すべく，著者，編者，監修者，編集委員ならびに出版社それぞれが最善の努力をしております．しかし，本書の記載内容によりトラブルや損害，不測の事故等が生じた場合，著者，編者，監修者，編集委員ならびに出版社は，その責を負いかねます．
また，本書に記載されている医薬品や機器等の使用にあたっては，常に最新の各々の添付文書や取り扱い説明書を参照のうえ，適応や使用方法等をご確認ください．

株式会社 学研メディカル秀潤社